情報戦の教科書

日本を建て直すため『防諜講演資料』を読む

参政党党首　参議院議員
神谷宗幣
SOHEI KAMIYA

青林堂

はじめに

本書は〝情報〟の教科書となり得るか

今回、皆さんにご紹介するこの戦前の貴重な文書、『防諜(ぼうちょう)講演資料』には、〝諜報(ちょうほう)〟という言葉が普通に書かれています。

「諜報」とは、簡単にいえば、「スパイ活動」「スパイ行為」のことです。

普通に生活する上では耳慣れない言葉だとも思いますし、映画や小説の中の話だと思われるかもしれません。

しかし、これはもう私からすると、《情報戦》という一つの戦いの形なのです。

私たち日本人は、いかに誤った情報に動かされているのか？

いかに知らず知らずのうちに、偽の情報に影響されているのか？

そして情報というものは、いかに大衆を動かしているものなのか？

私たちがより賢く、より強くあるために、本書がお役に立てることを願っています。

ところで、参政党の大きな目的として、《国民の意識を変えて、国民運動を起こすこと》があります。

そしてその意識改革運動に「まずは参加して欲しい」という思いから、【参政党】と名前をつけたわけです。

ただそのあとの入り口として、「では一体どんな行動を起こせばよいのか」という思いは、皆さん誰しもが通る道です。

別に我々は政府を倒したいわけでもなければ、アメリカや中国と喧嘩したいわけでもない。目に見えない巨大組織に立ち向かいたいわけでもないのです。

それよりも大事なことは、この日本が、「自立した豊かな国になって欲しい」ということです。
敵を見つけて戦うことではなく、**自分たちがより賢く、より強くなること**が大事なのだと思っています。

そのために、参政党が**最も重要とする政策は「教育」**です。
子供たちの教育もそうですし、自分自身への教育も重要です。
そこで問われてくるのが、教育のための情報の取り方となります。
つまり、**「教育」とは「情報戦」**、戦いでもあるのです。

『防諜講演資料』を国会で提示
この貴重な資料は、1941年（昭和16年）、日米戦争が勃発した年に、日本の内務省が発行し、日本国民に向けて発表された書物です。

古本屋に行けば高値で取引されていますが、国立国会図書館で一般公開されているもので、とっておきの極秘資料でもなく、誰でもネットのデジタルアーカイブで閲覧ができるようになっています。

私も初めて目にした時には、「戦前の日本人はなんて意識が高かったのだ」と心底驚き、ぜひ皆さんと共有したいと思いました。


また、軍人や警察官向けに作ったわけではなく、一般国民向けに内務省がわざわざ作ったことが、実に意識が高い。

「皆さん、こういう知識が必要ですよ。そうしないと、情報でやられるんですよ」ということを、極めて分かりやすい形で啓発しようとしたわけです。

この事実を知るだけでも、だいぶ私たちも意識が違ってくると思います。

私はこのことを国会で、浜田防衛大臣（当時）に質問をしました※。国民の防衛意識の向上のために、「こういう本をもう一回作ってください！」と言いました。まさにこの『防諜講演資料』を国会で堂々と提示したのです。

大臣からは「情報戦への適切な対応はする」という言質は引き出しましたが、国民へ向けたテキスト本の作成に関しては「検討する」とおっしゃるのみで、残念ながら恐らくそれは「やらない」という意味だろうなと感じました。

政府も防衛省も動いてくれない、それだったら自分たちでやろう！　ということで、今回、出版することになったのです。

※令和5年5月30日第211回 国会 財政金融委員会、外交防衛委員会連合審査会。神谷宗幣国会質疑「防衛力強化の財源に関する特別措置法について」
動画（参政党公式）：　https://youtu.be/EjoSWMiWw9A?si=wC2CfybDqNHiLKPR

じっくり読んでいただければ実に面白いのですが、細かく読まなくとも、こういうことがあったんだと知っておくことだけでも意識が全く違ってきます。

「情報」「諜報」「防諜」「スパイ」……そういったことが惜しげもなく書かれています。

「スパイ」というと、なんだか怪しい……陰謀論じゃないの？　と思う人も中にはいると思いますが、戦前の本書に書かれてあることこそが、世界の常識なのです。

こういう事実があったんだということを、国民がちゃんと知ることが、まずはものすごく大事なことだと思っています。

私も常々感じていることですが、ちょっとでもマスメディアの主流の意見と違うことを言うと、すぐに陰謀論だとレッテルを貼り打ち消そうとする動きがあります。特に読売新聞とＮＨＫなどが顕著です。

よくあるパターンは、あきらかにおかしな極論のような意見を出してきて、私たちがそれに近しいことを言っているから、「はい、あなたも陰謀論」のような形で、十把一絡げにして全部打ち消すという形の構造を作ってきます。

先日も、敗戦後に急成長した日本財団が運営する「笹川平和財団」が出したレポート※には、「参政党という、国会や地方議会に議席を持つ政党は、そういった主張（陰謀論）を繰り広げているから注意を払う必要がある」といったことが書かれていました。よくもそんな極端なことが言えるなと思いましたので、訂正を求めて訴えることも考えています。

これも一つの《情報戦》と言えるでしょう。

※笹川平和財団研究員・長迫智子「認知領域の戦いにおける陰謀論の脅威―海外における体制破壊事案から日本における陰謀論情勢を考える」（２０２３年7月22日掲載）
https://www.spf.org/iina/articles/nagasako_03.html

なお、「情報」は「インテリジェンス」、「防諜」は「カウンターインテリジェンス」とも呼ばれ、近年では関連する記事や書籍も増えてきたように思います。

日本では「警視庁公安部」が現場を担っており、また、内閣官房内閣情報調査室（内調）や、防衛省にも関連機関があり、横の連携が不足しているという声もあがっています。

「先進国で本格的な情報機関が存在していないのは日本だけ」とも長年にわたり言われており、日本版ＮＳＣ、日本版ＣＩＡ、日本版ＭＩ６は、いつになっても動き始める見込みが立っておりません。

『防諜講演資料』を読んで驚いて、議会で使って、そのあとすぐに、本にしましょうという話にまでなり、今回こうやって出版までこぎ着けられたことは、大変ありがたいことだと思っています。

私、神谷が本資料をナビゲートするとともに、私や参政党の、情報や教育に対する考え方、想いを一冊にまとめましたので、日本国民のみなさまのご参考になると大変幸いです。

令和六年一月吉日

神谷宗幣

目次

◎は『防諜講演資料』を現代語に再編した資料引用箇所となります。
本文中にある注釈・用語解説（※マーク）は、本書を刊行するにあたり青林堂編集部が追加したものです（『防諜講演資料』内含む）。

第2章

第1章

『防諜講演資料』から見る戦争の形

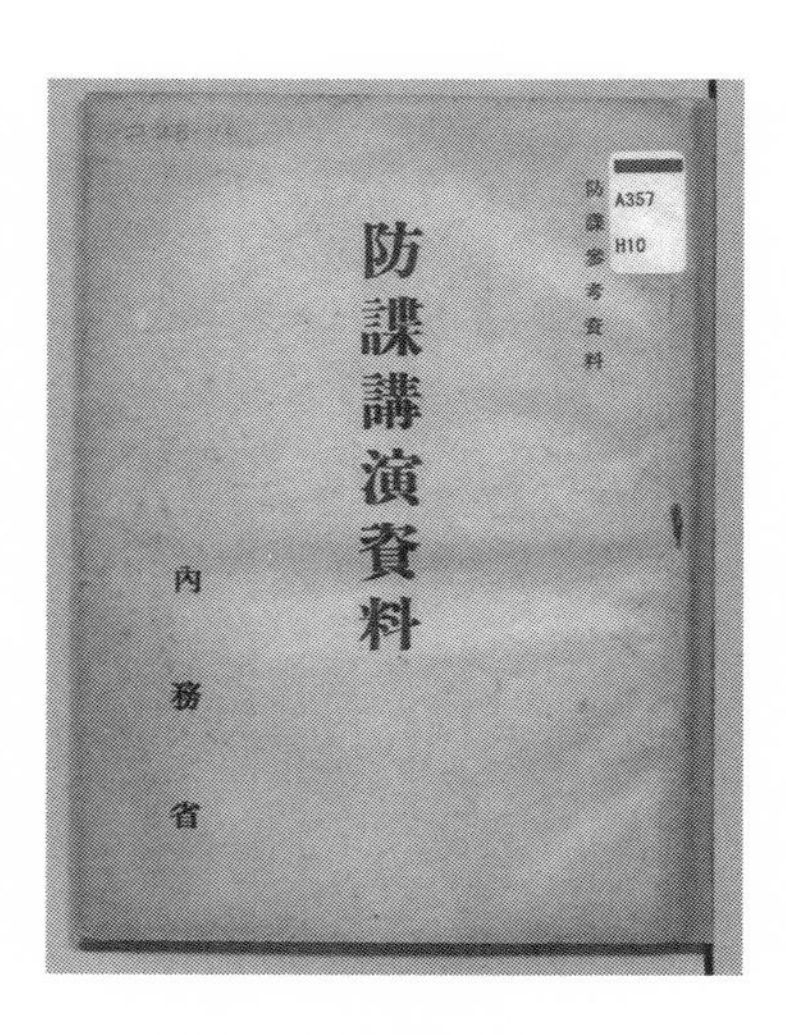
防諜講演資料
内務省
防諜参考資料
A357
H10

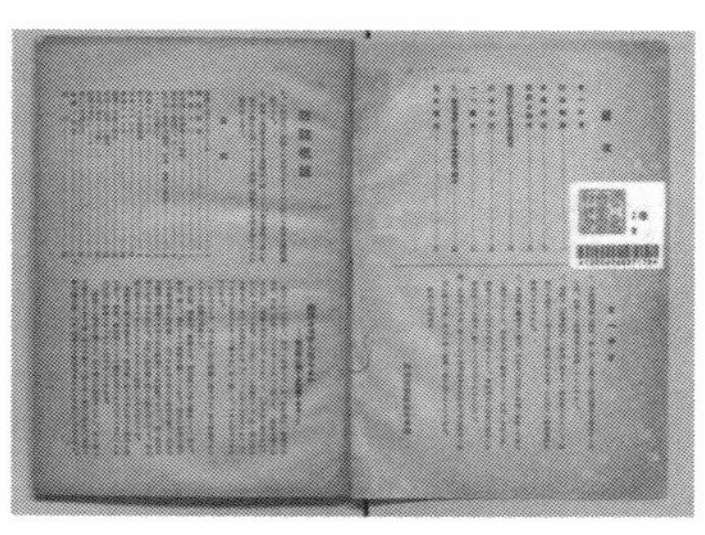

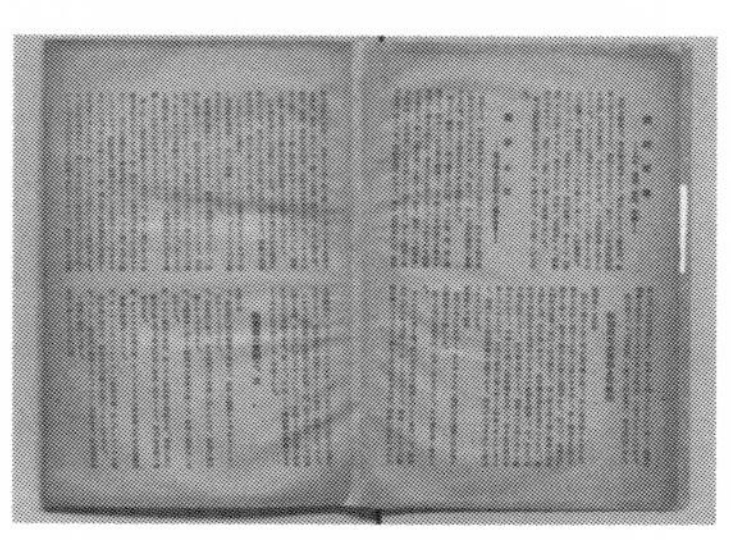

◎『防諜講演資料』

まえがき

一、本講演資料は国民一般に対し正確なる防諜観念を徹底させるため、必要な講演資料を収録したものである。

二、資料中「防諜概説」は防諜に関する一般原則であるから、いかなる場合にもまずこれを講述した後、それ以下の特別資料を利用すべきである。

三、本資料は聴講者の種別、程度または時間の長短に即応して直ちに利用するため、重複を厭(いと)わず編纂(へんさん)されており、各種の場合をことごとく網羅することは不可能であるから、実際に利用する場合は適当に取捨選択し、各場合に応じて工夫をして欲しい。

四、本資料の作成に関しては、外事協議会常任幹事大坪義勢氏の努力による所が多く、同氏に対し感謝の意を表するものである。

昭和十六年四月

内務省警保局外事課

防諜概説

1、一般国民に防諜とはいかなるものかを教える基本の講演資料である。

2、特種の業態を有する団体員に対しても、一応本資料に基づいて基本の観念を教えつつ、その業態に適応する事例を挙げるのが適当だと思う。

防諜とはどんなことか
――秘密戦に対する防衛である――

防諜という言葉は、知らない者もいないほど、近頃流行の言葉であるが、では「防諜とはどんなことか」と聞くと、「秘密を漏らさないことだ」「外国の諜報を防ぐことだ」と、いった風な答えが多い。中には「スパイを防ぐことだ」という返答をする、気の利いた人もいるが、さて一歩踏みこんで「スパイとはどんなものか」「スパイはどんなことをしているか」などと聞くと、ハタと行き詰まってしまう。

こんなことで、我が国の存亡興廃に関すべき、重大問題であるところの防諜はできない。

この際、国民は、防諜とは、幾百万の大軍を動かして、陸に、海に、空に、血みどろの聖戦を続けつつある、国家の総力を挙げての武力戦と相呼応し、かつそれ以上に重大な結果をもたらす、武器なき戦争に国家の全知全能を動員する防衛戦であって、もし防諜が不十分であったなら、いかに武力戦において大勝を博しても、我が国は滅亡することになることを十分認識しなければならない。

前ヨーロッパ大戦のドイツを見よ、武力戦においてはあれほどの大勝利を得ながら、なぜ、戦敗国としての憂き目を見なければならなかったか。これは実に防諜の不十分から起こったことである。※

防諜とは「秘密を漏らすな」位の軽少な問題ではない。死を賭して戦いつつある第一線の兵隊さん達と共に、銃後の国民が必死の勢で戦い抜くべき、武器なき戦争であることを忘れてはならない。

※【ドイツ「背後の一突き」敗戦論】……第一次世界大戦でのドイツ帝国の敗戦は、戦場での敗北によるものではなく、銃後（ドイツ本国内）における左派・社会主義勢力や反戦・革命運動、ユダヤ人らによる戦争妨害・裏切りにより、挙国一致体制が崩れ戦争続行が不可能になったとする論が、右派・保守勢力（後のナチス）により取り沙汰された。

国防要素
――人口、思想、資源、生産――

近代の国防は、国家総力戦である。国家のあらゆる要素が、戦争に参加することは、説明するまでもない。「高度国防国家の建設」※などの言葉も使われているが、ではこの国防要素とはどんなものか。いろいろな見方があろうが、その一つの見方としては人的要素と、物的要素との二つからなるといえる。人的要素は、主として「人口」と「思想」であり、物的要素は、主として「資源」と「生産」である。換言すれば、国防の「思想面」と「経済面」であって、「質」と「数」とに関する問題といえる。

この国防要素が発達すればその国は栄え、これに反すれば滅びる。

※【高度国防国家】……国家の全活動の目標を国防の充実におく国家のこと。１９４０年（昭和15）頃に掲げられた国家構想の言葉。当時より日本は侵略のための戦争ではなく、国外に存在する敵から守るための、国防としての戦争を想定していた。

戦争とは
――武力戦と秘密戦の二種がある――

戦争とは、この国防要素を人為的に破壊して、相手国を我が意に従わせることであるといえる。従って、このような国防要素を破壊するには、必ずしも武力をもってする必要はない。

しかるに、国民は、一般に戦争といえば、すぐに陸、海、空に展開する、華々しい武力戦を想像し、より恐るべき武器なき戦争が平時から着々と行われていることを知らない。この恐るべき武器なき戦争を、仮に「秘密戦」と称する。すなわち、戦争には「秘密戦」なる形式と「武力戦」なる形式との二種があり、いずれも国家の総力をもって戦うべき国防行為であって、特に「秘密戦」は、直接目に見えない舞台裏において、平時から絶えず行われており、国家の運命を左右することの大なる「武力戦」の比ではないのである。

この恐るべき「秘密戦」に対する防衛戦が、すなわち防諜である。

戦争の形は三つある

「秘密戦」という言葉が出てきましたので、少し解説させていただければと思います。

日本人は戦後一切、軍事のことを学校教育から奪われてしまっていることもあり、軍事的な基礎教養は全くありません。隣国と国境線を争うこともなければ、徴兵制度があるわけでもないので、全く身近に感じていないことでしょう。

「戦争」と聞けば、戦車やミサイルや銃を使って敵国と殺し合うことを皆さんはイメージするだろうとは思いますが、本書にもあるように、〝**戦争の入り口は秘密戦＝情報戦**〟にあるのです。

「戦争の目的」とは何でしょうか？　敵である相手国を潰し、その国の人間を殺すことが目的ではないはずです。**敵対する相手を〝自分の都合のいいようにコントロールすること〟**、それこそが、戦争の目的なのです。

わざわざ殺さなくても、情報や調略で相手をコントロールしてしまえば、一番効率がいいと思いませんか。『孫子の兵法』にも「戦わずして勝つ」という故事がありますが、戦争とは正にその言葉通りです。（一部の武器商人たちの都合はひとまず置いておきます）

まず、皆さんには、「戦争」「戦い」というものの全体構造を理解した中で、《情報戦》というものがあることを認識して頂きたいのです。その次に、食糧や燃料を止めるという《経済戦》があり、最後が《武力戦》となります。

多くの日本人は「戦争のない世界を！」と言って、武力を徹底的に避ける傾向はあると思いますが、**その前の前の段階である《情報戦》**においては無関心で、ものすごくやられてしまっています。それが現状、戦後日本の姿であるとも思います。

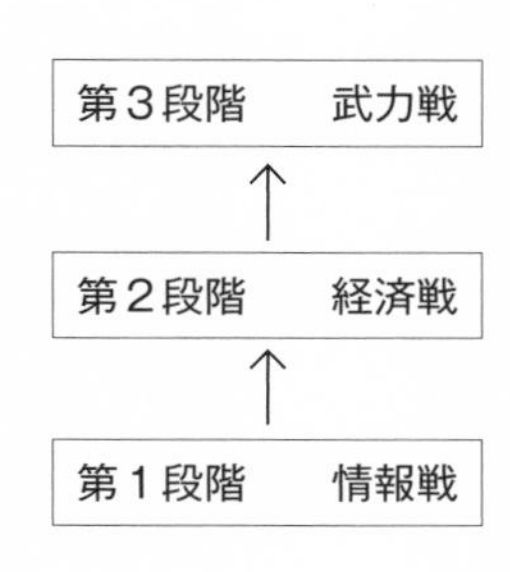

結局、第一段階の《情報戦》において負けてしまうと、日本はずっと負け続けてしまい、強く豊かな国はつくれないということになります。

そこで「情報」というものの存在をいかに認識したらいいのか？　いかに私たちは騙されないで、流されないで、真実の情報を見据えることができるようになるのか？　そして、「情報の正体」を見破ることができるのか？

本書はうってつけだと思いました。これは、戦前の日本の政府機関が正式に出版したもので、国民に対して警鐘を鳴らしたものです。

「諜報の入り口ってこうなんですよ」「皆さん気をつけましょうね」と、しっかり広報活動をしていたということを、まず皆さんに知って頂きたいということで、本書を出版することになりました。

それにしても戦前の日本では、行政（内務省）が国民を向いてしっかり機能していたとも言えます。ただし、戦争に負けるまでは。

戦後は、そうした独立性は一切なくなり、本当にお人好しの騙されやすい国民ばかりになってしまったのではないでしょうか。

敵はあえて武力で戦わなくても、「日本をコントロールすることは容易である」と、恐らく思っているはずです。

だから私はやはり、まずはそこを第一に変えていきたいと思っているのです。

◎秘密戦の必要性と可能性

秘密戦の必要性

国家の総力をもって戦う近代戦において、単に武力戦のみにては、戦争の終結に長年月を要するばかりでなく、著しく国力を消耗してしまえば、たとえ勝者といえども、国力の回復は非常に困難である。従って、各国共に人的物的要素の損耗を極力減少し、なし得る限り速やかに戦争の成果を挙げるため、秘密戦によって、武力戦の発生を見ないうちに、相手国の国防要素を破壊することの必要を痛感し、また、たとえ武力戦が発生しても、秘密戦を併用して、短期かつ有利に戦争を終結しようとして、平素から盛んに秘密戦を実行し、着々その成果を挙げつつあるので、今次のヨーロッパ大戦におけるドイツのやり口を見ると、いかにこの種の秘密戦が必要であり、効果が大であるかを痛感するのである。

秘密戦の可能性

近代文化の高度化と、あらゆるものの国際的共通性と関連性が秘密戦を可能にした。

すなわち文化の高度化は、武力の質を向上し、その量を著しく増大した。

昔のように刀と槍、あるいは弓矢で戦争していた時代には、軍需品は普段から用意しておくことができた。鉄砲ができても火縄銃の時代には大して弾丸も要らなかったが、科学の進歩につれ火器が非常に発達し、口径も大きく数も驚くべく増してきて、消費する弾丸、砲弾の量だけでもおびただしい数量に達した。それに飛行機、戦車、軍艦、機械化部隊等、兵器が進歩するにつれ、しかもその質と量とによって戦の勝敗が決せられるようになるにつれ、戦争に要する軍需品の量は天文学的数字にまで達するに至った。

一方運輸通信が進歩発達した結果、大兵力の運用が容易迅速に行われるため、動員される兵員の数も非常に多くなり、軍隊の消費する軍需品は、莫大な量に上ってくる。

こんな大量の軍需品、しかもどんどん消費されてなくなっていく軍需品を製造し、あるいは補給していくには、どうしても国全体を挙げてかからなくてはならなくなってきた。

国全体が戦争にかかるとなると、戦争は戦線だけではなく、国内も戦場となり、銃後の軍需品製造が間に合わなくなると、戦争は敗けるということになる。軍需品を作るには、ものと金と人が要る。そのどの一つが駄目になっても戦争は負けである。そうなると戦線で押したり引いたりしているより、直接国内の生産力を破壊した方が手っ取り早いことになった。

国と国との関係が密接となった現代では、苦しい思いをして自給自足をやらなくても、安く他国から必需物資が得られるばかりでなく、莫大な軍需品の量を自給することは、どの国でも不可能になったので、国防要素の破壊が必ずしも武力でなくもできるようになった。例えば鉄の少ない国へ鉄を送らなければ戦争は出来なくなる。ガソリンの少ない国へガソリンを送らなくても同様である。また、文化の高度化は、益々世界各国間の時間的空間的短縮をもたらし、パリでの流行がすぐに東京でも流行するように、国際間の共通性と関連性は、ストライキやサボタージュをやらせて国内の生産力を低下させ、戦争遂行を妨害することも容易にできる訳である。

このように秘密戦の必要性と可能性とは、武力を用いないで戦争に勝てるため、その方が安上りでよいから、各国とも秘密戦に躍起となるのは当然である。従って、今後とも秘密戦の価値がますます高められていくことと予想される。

◎秘密戦の実例二、三

外国の例

一、前ヨーロッパ大戦でドイツの戦敗が、銃後の崩壊からであることは人の知るところである。

二、前ヨーロッパ大戦で、帝政ロシアが急速に倒れたのは、ドイツの秘密戦による革命である。

三、日露戦争におけるロシアの屈伏の裏には、当時の秘密戦の成功がある。

四、今次のヨーロッパ大戦前、独ソ不可侵条約が締結され、ドイツが前のヨーロッパ大戦と異なり西方作戦に専念し得たことも、外交秘密戦の成功である。

五、チェコの無血占領、オーストリアの併合等は外交及び思想秘密戦の成功だといえる。

六、デンマーク及びノルウェーの電撃作戦、特にデンマークの電撃作戦の成功は、ドイツ第五部隊の活躍によるものである。

七、ベルギー皇帝以下約四十万のベルギー軍降伏も、外交秘密戦の成功に基因している。

日本に対して行われた例

一、移民法によって我が国の人口問題の解決を圧迫し、裏から産児制限をもっともらしく奨励し、伸びゆく日本の力を減殺し、戦時下日本の現在の人口問題に一大暗礁を生じさせた。

二、ソヴィエトの世界赤化の東方における目標としての日本が、いかに赤化思想に毒されたか。

三、前ヨーロッパ大戦後に開かれた軍縮会議や平和会議で、いかに巧妙かつ自然に我が国の軍備が不当に縮小され、日本の発展が阻害されたことか。支那事変勃発の最大の原因はここにある。

四、英、米、ソの支援による支那の容共抗日の如きは、有色人種を唆して日本を打倒しようとする秘密戦である。

五、日本に対する各種の経済圧迫と、絶えざる蒋介石（しょうかいせき）への援助により、日支両国を疲弊させて武力を用いずして東洋を併呑（へいどん）しようとする秘密戦に注意せよ。

暴力を用いない「戦い」があるということ

現在、秘密戦は「超限戦」ともよばれ、特に昨今の中国による超限戦は、マスコミ、経済界、そして政治家を媚中政治家に仕立てるなど、広範囲に及んでいます。

戦前の当時から、同じような状況は見てとれていたのです。

目の前で高層ビルが爆撃されたとか、自分が襲われるとなったら、誰しもそれは戦いだ、戦争だと認識するのかもしれませんが、例えば相手の会社を買収することによってコントロールしてやろうとか、さらにその前段階において、日本企業の社員を調略し、情報を抜いて、優位に立ってやろうなどということに対して日本人は全く無警戒です。要するに、暴力以外のことは戦いではないと思っているところがあります。

日本人は数千年もの間、この島国を守ってきました。本書に書かれていることは、当たり前のことだとも思います。**いうなれば〝情報の一般教養〟**だったはずなのに、今ではそれが奪われて、隠されてしまっているということなのです。

《情報戦》《秘密戦》に限らず、《国家観》もそうです。

国民哲学も奪われていますし、国際情勢を読み解くこと、国際法の基礎知識なども、これだけグローバル、グローバルといいながら、日本人にはグローバルな知識が全然足りないというのが実態です。

英語を喋って、海外のものを取り入れたらそれでグローバルになる、という錯覚を多くの人、特に若い方々は持っているのではないでしょうか。

「話し合えば全て解決する」と思っている人も多いと思いますが、話し合いは、武力や経済的な優位性などが裏にある中で行われるのが国際社会です。ですので、ある意味話し合いと言いながら〝脅し合い〟とも言えるでしょう。

「正義を尽くせば分かってもらえる」そういった感覚は、日本人同士では成立するかもしれませんが、国際社会ではなかなか難しいと思います。

国家観、宗教観、経済観、民族の誇り、人物の性格、その時その時の様々な事情などが複雑に絡み合い、お互いの利益の落とし所を探っていくことが求められます。そこで重要になってくるのもやはり「情報」なのです。

◎秘密戦の攻防及び諜報、宣伝、謀略の意義

さて、この恐るべき秘密戦の攻者は何者か。これ実にスパイ、あるいは第五列[※1]と称するものである。防ぐ者は誰か。これ実に我が国民である。攻める者の採りつつある手段はいかなるものか。諜報[※2]、宣伝[※3]、謀略[※4]の三つである。防ぐ者の採るべき手段はいかなるものか、それは防諜である。すなわち秘密戦とは、スパイと我が国民の間に行われつつある、目に見えざる諜報、宣伝、謀略、防諜の四手段の血みどろな争いである。従って、防諜とは諸外国が我が国に向かって行いつつある諜報、宣伝、謀略に対し、我が国の安全と発展とを確保すべき防衛戦であると、言い換えることができる。

※1【第五列】……本来味方であるはずの集団の中で敵方に味方する人々、スパイなどの存在を指す。国民の中に紛れ込んで、その国に不利な方向に煽るような行為のこと。ス

ペイン内戦（1936年）時に出来た言葉。

※２【諜報】……英語でスパイ（Spying）、エスピオナージ（Espionage）。秘密や機密情報を正当な所有者の許可を得る事なく取得する行為のこと。インテリジェンス組織により情報収集&分析される。

※３【宣伝】……英語でプロパガンダ（Propaganda）。特定の思想・世論・意識・行動へ誘導する意図を持った行為。情報戦、心理戦、世論戦など。情報統制と組み合わせることで大衆をコントロール可能にする。偽情報、発信元を偽った情報を流すことをブラック・プロパガンダという。

※４【諜略】……諜報活動で得た情報を元に、情報や知識を意図的に操作し、秘密裏に実行に移すこと。

諜報なるものは、戦争すなわち武力戦及び秘密戦の準備であって、宣伝及び諜略なるものは諜報によって準備された秘密戦の実施である。

もし、敵の準備を完全に破壊し得るならば、その実行を完全に封じることができる。言い換えれば、相手国の諜報を完全に防げたなら、その宣伝も謀略もこれを封じることができるだろう。この「諜報を完全に防げたならば」の前提が、成立するものとの仮定の下に、防諜とは諜報防止なりと言い得るのであるが、この前提は残念ながら成立しない。その理由はすこぶる簡単である。すなわち攻める者が守る者に勝つは千古不磨※の原則だからである。いかに防諜陣を完全にしても、防者の地位に立つ防諜は遂に攻者の地位に立つ諜報を完全に防ぐことは不可能であって、宣伝及び謀略の準備は整えられる運命にあるのである。

※【千古不磨（せんこふま）】……遠い昔からずっと何も変わっていないこと。

そのために防諜は、諜報防止に完全を期すると共に、常に宣伝及び謀略の防止をも完全にしようとする努力を絶対に必要とする。

次に諜報、宣伝、謀略の意義をごく常識的に説明すると、まず諜報とは、その利用目的を相手に隠して情報を取る行為をいう。その情報が秘密のことであろうとなかろうと、情報の取り方が合法であろうと非合法であろうと、あるいは公然と行うか隠密に行うかを問わない。目的を相手に秘して情報を取ればそれが諜報行為である。

戦争が武力戦に限られていた時代には諜報は軍事的な事項だけを目標としたが、国家総力戦の今日では、それ以外のあらゆる国家総動員に関する事柄で、普通には秘密とは思えない、いろいろなことまで諜報の対象となるのである。

次に宣伝とは、自分の意図する方向に相手の思想を導くため、広くかつ深く徹底させることであって、文書、口頭、映画その他の方法の如何を問わない。宣伝は全部が全部防諜の対象となるべき悪い宣伝ではないが、一見まことにもっともなよさそうな宣伝であっても、結果において国家に不利となると予想されるものは、防諜上有害宣伝として取り締まる必要がある。特に、最近の宣伝はちょっと見たところ何らの害がないようで看過されやすいが、気づかないうちにとんでもない結果を生ずることもあるから、よほどの注意が必要である。

最後に謀略とは、密かに策略をめぐらして、直接的相手に害を加える行為である。鉱山を爆破したり、鉄橋を爆破したり、あるいは工場に火を放って、倉庫に火をつけ、またはストライキやサボタージュを煽動して生産力を低下させ、戦争遂行を不能にし、あるいは鉄や石油の輸出を禁止して相手国を苦しめる経済封鎖などがそれである。

以上の諜報、宣伝、謀略の三つの手段によって、秘密戦は平時から着々と準備され、実行されているのである。

◎スパイの正体は?

——覆面の男ではなくて合法的な組織の網——

では次に、この恐るべき秘密戦を仕掛けてくるスパイとは何者なのか。

一般にスパイといえば、映画や小説に出てくるような、種々の方法で人を籠絡して秘密を盗み出す、あるいは金庫をあけて重要書類を盗み出す影のような男、またはマタ・ハリ※のような女と思われているようである。こういうものもいるにはいるだろうが、しかし、現在日本にはこういう諜者はあまりいない。日本ではそんな危険なことをしなくても、白昼堂々と大手を振って仕事ができるからである。

※【マタ・ハリ】（Mata Hari）……［1876～1917］パリのムーランルージュで人気を集めたオランダ系ダンサー。第一次大戦中、ドイツのスパイとしてフランス軍に逮捕され銃殺された。女スパイの代名詞的存在。

ではスパイの正体は一体何かというと、それは「外国の合法的な組織の網」であるといえる。今日これでなくてはスパイは出来ない。なぜ出来ないかというと、今日では各国とも防諜に相当の努力を払っているので、どこの工場でも秘密書類をそう簡単に盗めるものではないからである。

しかし、秘密は金庫の中にしまって鍵をかけておけば絶対に盗めないかというと、そんなことはない。第一そんな秘密というものは、世の中に一つもあり得ないのである。

仮にそれを非常に重要な秘密兵器の設計図としよう。これに軍極秘の判を押して金庫の中にしまっておけばよいわけだが、金庫の中にしまっておくだけでは紙屑同様のものに過ぎない。全体の設計図は金庫の中にあっても、部分部分の図面は必要な方面に配布され、部分品は職工の手によって作られているはずである。すなわち軍極秘の書類の秘の内容は金庫の外に出ているわけである。金庫の中の物を取るのは難しいが、外へ出ているもの、一つ一つは断片的なものでも、沢山集めれば金庫の中の本尊がわかるのである。

卑近な例でいえば、ここに何か動物の絵があるとする。犬の絵だか猫の絵だか、全体の図面は見せてくれないからわからない。ところがその図面を幾つかに小さく切った物がバラバラになってあるとする。その一つ一つを集めて整理すると頭はこんな格好をしている、足はこんなで何本ある、尾の格好はこうだと段々わかってきて元の絵が牛の絵であるか、馬の絵であるか、大概わかるはずである。

軍の作戦計画でもそうである。作戦計画を作っても金庫の中にしまっておいては何にもならないので、それに応ずるよう全てのものを動かさなければならない。軍隊も作らなくてはならないし、火砲弾薬も、戦車も、飛行機も、自動車も作らなければならない。また兵隊さんが沢山入営するから、各地に新しく兵営が建てられる。士官学校の採用人員も増加し、軍需品工場への注文も殺到する。新しく工場が出来て、職工や技師の数が増加し、海外からの物資の輸入が増加するだろう。このように関係する社会の各方面、各部門の人々が、軍の作戦計画の一部とは知らずとも、自分の業務の一部としてこれに参与しているのである。作戦計画の書類は金庫の中に入っていても、それを推測するに足るものが世の中にどうしても出ているわけであるから、これを集めて判断すれば、日本軍はどういう作戦計画を立てているのかも推定し得るのである。

今、金庫にしまっておくべき秘密を「真の情報」と名付け、金庫の外に転がり出ている断片情報を「推定の情報」と名付けると、外国のスパイは一意専心この推定の情報を集め、これによって準備を進めるのである。これは戦争が国家総力戦となったため、自然と推定の情報が一般国民の間に転がり出ざるを得ないようになったからである。

そこでなるべく正確にできるだけ多くの材料を最も自然に最も早く集めるために、合法的な組織の網を全国に張りめぐらすことになったのである。

合法的な組織の網とは何かといえば、外国系の銀行、会社であり、商店である。あるいは教会であり、学校であり、社交団体である。もちろんこの全てがスパイだというのではないが、これらの中に恐るべきスパイの網があることを銘記すべきである。

スパイ&防諜組織の実態
～ＦＢＩ・ＣＩＡ・ＭＩ６・ＧＲＵ、そして公安～

皆さんはスパイといえば、『００７』など、映画やドラマの中で活躍するイメージを思い浮かべると思いますが、実際のスパイはこの『防諜講演資料』にあるように、会社や官公庁や団体など、合法的な組織の中で地道な調査をしているものなのです。

映画では、アメリカのＣＩＡ、ＦＢＩ、イギリスでは、ＭＩ５やＭＩ６、ロシアならＦＳＢ、ＳＶＲ、ＧＲＵなど……情報機関の名前はよく出てきますね。

こうした情報機関について、日本では、俗に「公安」と呼ばれていることが多いですが、これは、厳密には正確でありません。「公安」と呼ばれる組織は、法務省の**「公安調査庁」**と**「警察庁及び都道府県警の公安部**、又は警備部の一部」を指しているものと思われます。

このうち警察庁では、警備局の下に警備企画課と公安課があり、この公安課において、主として国内における治安、公安情報を収集しています。

具体的には極左、極右団体やオウム真理教など、かつて組織的に重大な犯罪行為を敢行した団体を中心に、これら犯罪を未然に防ぐために、幅広く様々な国内の情報を収集しているのです。

また、警備局には、外事情報部があり、さらにその下に、外事課、国際テロリズム対策課がおかれています。

外事課は、外国政府等によるスパイ活動の監視、分析、取り締り、国際テロリズム対策課は、文字通り、テロ情報の収集、テロの未然防止のための活動をしています。

しかしながら、これら実際の活動の大半は、都道府県警が担っています。

都道府県警の公安課、外事課の職員がそれぞれの管轄地域において情報収集し、それを警察庁に報告しています。警察庁はそれをまとめて政府に報告しています。

公安調査庁は、内部部局に調査第一部（国内情報、オウム真理教に対する規制）、調査第二部（国外情報の分析、海外情報機関との情報交換）があり、警察公安と同様の活動をしています。

では、警察と公安調査庁とでは、何が違うのでしょう？

これはとても重要な違いなのですが、警察には「捜査権」と「逮捕権」があることです。

つまり、警察は、国家機密を不正に外国に漏らしたスパイに対しては、これを逮捕し、自宅を捜索、証拠物を押収することができますが、公安調査庁にはその権限がありません。あくまで調査分析活動に絞られます。反面、公安調査庁は情報に特化している強みがあります。

本来なら、公安調査庁の方で把握したスパイ容疑者があれば、その関連情報を警察庁に情報を提供し、警察が捜査することで、容疑者を逮捕、捜索差押えで証拠資料を得て、そのスパイ行為の広がりをさらに追及することができるのですが、残念ながら、縦割り行政の弊害で、そこはあまりうまく連携出来ていないようです。

なお情報機関と言う場合、上記以外に、内閣官房の「内閣情報調査室」や外務省の「国際情報統括官組織」もそれにあたりますが、紙面の関係上、ここでは割愛させて頂きます。

第2章

情報戦そして経済戦

◎諜報のやり方
――国民が別に秘密ではないと思っている事柄を集めて――

まず諜報はどのようにやっているかというと、以上（P46参照）の組織網を通じて、普通の人は格別国家の秘密でも何でもないと思っていること、すなわち普通にしゃべったり、書いたり、棄てたりしていることをできるだけ多く集めて、その中から必要な情報を得るのである。

例えばどこどこの誰が軍に召集された、という話は、個々の事実としては大した価値はなさそうに見えるが、どこの誰がどの師団に招集されたのかという話を、日本全国からたくさん集めると、今日本ではどの師団とどの師団、計何個の師団を動員しているということがすぐにわかる。一人で全国を駆け回ってこんな情報を集めるわけには行かないが、前述のような組織を持っていれば、楽に情報が入ってくるのである。

動員された軍隊が動き出して、国防婦人会や愛国婦人会の人らが歓送する。その間に「どちらの師団です?」「どちらへお出でです?」などという質問がつい出がちである。そんな話が次から次へと伝わって、例の網を通じてどんどん入ってくる。すると、第何師団の先頭部隊は何日何時何分どこを通過して、どの方面へ向かった。第何師団は何月何日、何丸に乗ってどこの港を出港、どの方面に向かった、日本の軍隊はどの位、どの方向に動いているかということがすぐわかる。

すなわちある土地での見聞では、局部的で大した価値のないことでも、広く日本全国を拡げている合法的な組織の網にひっかかり、そこで整理をされると重大な情報となるのである。スパイは何でもない話、断片的では決して法規にはひっかからない話を広い範囲から集め、整理して、重要な秘密事項を察知しているのだということを、国民はよく認識しておしゃべりに注意して頂きたい。でないと、スパイの片棒を担いだという結果になるのである。

これで見ても、自分は決してスパイの手先をしていないと威張っていられる人が何人いるだろうか。

昭和十二年九月二十五日といえば、支那事変が勃発してからわずか二ケ月余りである。この日付で支那軍が敵情第一号と名付けて活版印刷物を部下に配布している。これには当時までに知り得た日本軍の支那に派遣された兵力、編制、装備指揮官の階級、氏名等非常に詳しく調査されている。このような結果になったのは、実に日本人の知らず知らずの間に犯したスパイ行為の結果だというべきである。もし支那側に空軍と海軍とが整備されていたらどうだろう。敵地を見る前に海のもくずとなったあの常陸丸のような事件※が頻発したに違いない。実に慄然とすると共に、日本人の防諜観念を急速に向上させなければ、次の戦争には恐るべき結果を生ずるであろうと考える。

※【常陸丸（ひたちまる）事件】……日露戦争中の1904年、玄界灘（沖ノ島付近）を航海中の陸軍徴

傭運送船3隻がロシアのウラジオ艦隊に撃沈された事件。死者は千人以上に達し、日本国内の世論は激昂した。

合法的な諜報の一例として示すならば、府県の貨物自動車と乗合自動車の数は、軍用資源秘密保護法によって「秘」となっている。ところが某外国系石油会社は個々のバス会社、運送会社等へ「ガソリンの販売上の都合があるから貴社の自動車の数と種類とをお知らせ願いたい」という通知を出してすっかり調べ上げたことがある。この数を合計すれば府県の自動車の数は大体当たらずといえども遠からない程度に出てくる。

最近では官憲の指導が相当行き届いたためあまりやらなくなったが、役所、学校、工場、会社等へ照会を発し、その回答から諜報を得る方法もよく行われる。注文をするふりや、学術上の参考にするふりをして照会をするのである。真正面から製造高はいくらかと照会すると怪しまれるから、時にはうんと多量の注文を申し込む。すると日本人は正直だから「私のところではこれだけしか出来ないから、とてもそのご注文には応じられません」と白状してしまうのである。最近では正式の照会は出さず、裏面から口頭で交渉している形跡がある。

中にはこんな上手い手が使われたこともある。ある外国系の自動車会社が、某大学の学生達の夏休みに新しい自動車を提供して某方面の自動車旅行をさせた。その代償は日々の旅行の詳しい記録だけである。それでよいのである。この記録から道路の状況がすっかり調査されるからだ。また前に述べた石油会社は十年以上前から日本の飛行場の調査もやっていた。これは実に恐るべきことである。なぜならば航空機の発達は作戦の順序を変換した、すなわち近代の戦争はまず相手国の心臓部を狙う航空作戦から始まるからである。この際にはどうしても相手国の空軍を撃滅して制空権を獲得しなくてはならない。このためには敵の航空機がいかに配置されているかを知る必要があり、飛行場の調査はどうしても欠くことの出来ない要素である。十年以上も前これに着目して準備を着々と進めていた彼らの慧眼には感服すると共に、一方で日本の飛行場の地図を作って一部十五銭で売り出そうとしていた日本人が、支那事変が勃発した頃にいたことを考えると、日本人の防諜観念のなさには慨嘆に堪えない次第である。

電力には莫大な外債が入っている。そのために外国人が各電力会社の会計検査にきて、すっかり書類を検閲し、現場の調査をして必要な報告を取っている。その報告によってどの発電所がどの工場とどの鉄道にどれだけの電力を配給しているかがはっきりわかっている。どの発電所を爆破すればどの工場とどの工場が駄目になり、どこの輸送が止まるかは筒抜けなのである。

汽船などでも英国系の海上保険会社などが日本に多数の支店を持っていて、船舶関係のことはすっかり知られている。また外国の火災保険会社に再保険すると、工場の内容が全部向こうへ伝わる。いろいろな工作機械も全部外国から買い入れ、外国から技師を招聘していたから、日本の秘密は外国へ筒抜けである。

日本人はなぜ情報に関して無用心なのか？

「日本人の防諜観念のなさには慨嘆に堪えない」との一文がありましたが、これは今の日本も全く同じではないでしょうか。

自衛隊基地に近い日本の土地を外国人に売ってしまったり、水源を外国人に売ってしまうなど、目先のお金に目がくらんで、もしくは何も考えることなしに、日本の平和が脅かされているのです。

また、一時期、駅などでの不審な火災などが相次ぎましたが、これなども事故が起こると、警察や消防がどう動くかを把握するための事前調査ではないか、とも囁かれていました。

日本人が情報に関して無用心、無関心になったのは、やはり教育にあると思います。

一つは、戦争の後遺症です。多くの人が死んでしまい、原爆が落とされたのも世界では日本だけ。大東亜戦争の敗戦というのは、国民全体でものすごいトラウマを抱えたと思うのです。

（※大東亜戦争の死者数はおよそ３１０万人。軍人帰属の戦死が２３０万人。広島の原爆14万人。東京大空襲８万４千人。長崎の原爆７万４千人ほか。）

戦争を体験された方々には、あのような経験はもう嫌だ、何も考えたくない、何も見たくない……という嫌悪感のようなものが、強く植え付けられてしまったのではないか。

戦後生まれの我々には、まさにそういった教育が行われ、「何も知らなくていいんだよ」と目と耳を塞がれてしまってきたのではないでしょうか。

例えていうなら「大河ドラマ」です。昔の大河ドラマは、戦国武将が戦う場面では、戦いにおける情報とか調略とか人の裏切りなどもリアルに描いていた印象があります。

ここ最近の大河ドラマはホームドラマです。戦国の世でも、家族愛がテーマになっていたりします。生き馬の目を抜くような熾烈な戦いをしている戦国時代にそんなことをやっていたら生き残れないでしょう。

現代の映画やドラマ、小説でも、戦いの本質といったものがなかなか描かれないので、国民のほとんどはもう軍事というものに触れる機会がないのです。

では、軍事に触れるようになりたいと思ったら、自衛隊に入るしかないのでしょうか?

自衛隊に入ったから末端の三等兵までちゃんとそういうところまで教育され、落とし込めるのかというと、私も10年予備自衛官を務めていましたが、自衛官ですら、目に見えない《情報戦》に対して、警戒心が薄くなっているのではないかと思わずにはいられません。

自衛隊員の方で中国などの外国籍の方と結婚される方も多いのですが(※全自衛隊員のうち800人が外国人女性と結婚、うち600人が中国人/『週刊ポスト』20

１３年４月19日号記事より）、危機感が薄いだけの問題ではないとも思っています。これも驚かれるかもしれませんが、一昔前までは「軍事」という言葉が、政治活動の中で使えなかったことがありました。「そういう危ない言葉は使うな」と言われ、「『国防』とか『安全保障』と言い変えなさい」ということを何度も諸先輩方に指摘を受けました。

もちろん国防、安全保障というのも、いい言葉だと思いますが、軍事、軍という言葉もやはり、普通に使う言葉だと思うのです。

このような言葉狩りなど言語のところから意識をすり替える空気、ポリティカルコレクトネスもそうですが、丸くさせられ次第に曖昧なものに変わっていく。「安全」「国防」「守る」は聞こえが優しい言葉。でも「軍」となった瞬間、一気に現実化する。ですから「軍事費」というと嫌がれるので「防衛費」「安全保障関連予算」と言ってくださいと指摘が入るのです。

ただ「軍事」といっても多様であることは、皆さんわかっていると思います。攻撃だけでも防衛のためだけでもありません。《サイバー戦》で相手の情報や通信を遮断してしまうことによって、敵を麻痺に陥らせようといったことも世界各国共通で誰しもが考えていることです。SNSを使って情報を撹乱させようということも実際に行われています。

全ての戦いは情報から始まり、最後が物理的な攻撃となります。やはりこれらは一気通貫で見ておかないと、現代的な戦いにならないでしょう。

様々な点で、我々戦後世代は、かなり無用心になっているのではないでしょうか。どうしても日本の中だけで日本人同士でやっていると、皆さん温厚だし優しく感じるので、危機感はさほど感じられません。それこそどこかの国のように、もっと治安が悪くなったり、暴力がはびこるような社会だと、もう少し危機感を持つのかもしれないのですが……。

〝平和ボケ〟という言葉はあまり好きではありませんが、この状態を生んだ一因にそれは確実にあるでしょう。また、もう一方の見方でいうと、ＧＨＱの戦後政策の影響も多大にあると思います。

◎恐るべき文書諜報
――新聞、雑誌、図書、地図、絵葉書等からよい資料を取る――

ここまで話してくると国民は誰しも、この恐ろしい外国の合法的な網を駆逐すれば諜報の防止は非常に容易であろうと考えるであろう。しかし、我が国の現況はそれだけでは到底駄目だといわざるを得ない。仮に外国の勢力をことごとく駆逐しても、外交機関は当然残っている。彼ら外交機関は文書諜報という有利な諜報をやっている。我が国は諜報防止の見地から日本の出版について全面的な検討を加えると共に、出版に関係している人々の防諜観念を徹底的に向上させなければばならないことを是非知って貰いたい。

次にこの恐るべき文書諜報なるものに関して簡単に説明しよう。

外国の諜報機関は官庁や会社の出しているいろいろな印刷物や写真、新聞、雑誌、絵葉書、地図などあらゆる公刊物を集めている。一般に販売しまたは配布しているこれらの公刊文書の中から、彼らは希望する情報を得ている。これを文書諜報というが、組織的な文書諜報にかかるとどんなことでも分かってしまうのである。

政府の出す統計や、新聞社の編纂(へんさん)する年鑑、各大学で出す学術研究報告、あるいは正確な地図や写真等の出版物を組織の網を通じて買い入れる。学術関係の機関が学術関係のものを、経済関係の機関が経済関係のものを、といった具合に買い集めるのであるから、なんら怪しまれるところはない。特に日本の公刊物は防諜観念が薄かったから実に克明正確で、外国スパイにとって実に重実なものなのである。

現にある大使館では北は樺太から南は台湾まで、全国各地の地方新聞六十余種を取って見ている。ある発電所の故障で東京全市の電車が止まったというような記事が出ていると、東京の交通をストップさせるためにはその発電所を爆撃すればよいということがすぐわかる。このように一見なんでもなさそうな記事の中から重要な情報を拾ってどしどし本国へ送っているのである。

日本の新聞だけからどんな諜報ができるかを研究するため、某省で昭和十四年の八月初旬の三日間の主要日刊新聞から軍の異動記事を集めて整理したところ、軍が公表しないもので記事に取り扱われた人員数が百十八名あり、その中で異動先がまったく不明のものは六名に過ぎなかったという驚くべき事実がある。あれほど厳重に取り締まっていても、防諜観念の乏しい新聞社による記事の取り扱い振りは、このような始末である。

日本に存在するある国の大使館では、東京だけで年に二万数千円の新聞、雑誌、図書を購入している。その本の種類も非常に広範囲で、ありとあらゆるものを買っている。小学校の国定教科書まで買っている。その中で注意すべきは各種の統計や年鑑、要覧、学術研究報告等である。例えば「試験研究項目要覧」を見れば何という博士は現在どこで何の研究をしている、八幡製鉄所の誰々は鉄のこれこれに関する研究をしている、ということが一目瞭然である。建築年鑑を見ればその年に建った建築の設計者は誰で、請負った者は誰か、というのも載っている。そこへ手を回して設計図を集めれば、その建物を破壊するには何キロの爆弾を何発命中させればよいか、面積がこれこれだから高度いくらで、何機編隊で行けばよいか、という空爆の際の資料が集まるのである。また細菌学の研究書などは、逆に日本に対する細菌謀略の資料として使われていると考えて間違いない。

統計、年鑑類を見れば、相当重要なことまで出ているから、日本に対する経済謀略、金融謀略をいかに行うべきかという資料がいくらでも出てくる。ずっと前にソ連で出来たオー・ターニン、イー・ヨーガン共著の『日ソもし戦わば』※の

「日本の戦時持久力」を見ると、日本から出版されたあらゆる公刊物はもちろん、外国にある日本に関する資料までもから、実に綿密正確に日本の戦時持久力を判断している。

※『日ソもし戦わば』……『日蘇若し戦はゞ：日本の戦時持久力』オー・ターニン、イー・ヨーガン 著　国政研究会 訳（昭和11年／国政研究会）

こんな具合に公刊の出版物、文書を沢山集めて鋭い諜報眼を以って科学的に整理すれば、日本の国力がわかるのであるから、この方面によほど注意しないと、国民がしゃべるのをやめ、かつ外国の組織を駆逐しても、決して諜報防止は出来ないのである。

このように文書諜報を重視して二万数千円の図書を買い入れているその国では、自国の文書防諜は非常に徹底したものである。あらゆる印刷物は公刊物といえどもほとんど一切国外へ出していない。あらゆる印刷物を一切国境で止めてしまうのである。反対に日本からはどしどしいろいろなものが外国へ出ている。だから諸外国では日本のありとあらゆることを知り抜いて、経済封鎖でも破壊謀略でも日本の最も痛いところを突くことができるのである。

地図にしても、我が陸海軍は重慶の正確な地図を得るのに非常に苦心した。支那側で発行している重慶の地図には町名と番地しか書いていないからである。それを非常に苦心していろいろな情報を集め、委員長行営はどこ、立法院はどこ、放送局はどこ、飛行場はどこ、発電所はどこ、浄水場はどこなどと敵の重要施設を一つ一つ調べ上げ、また一方で各国の領事館とか教会、病院など外国の権益を調べ上げて初めて重慶爆撃を決行し得たのである。この重慶の爆撃図を作り上げるまでには実に多大の費用と時間とを費やしている。

ところが日本では、水源池、連隊、兵器廠（しょう）、電信局、放送局、火薬庫、飛行場等国家の重要施設を正確に詳しく記入した市街図を、どこの都市でもわずか二十銭か三十銭で売っている。中には将来の都市計画図から、裏には重要建築物の写真までつけたのがある。これを本国へ送れば直ちに立派な爆撃目標図となるわけである。

最近の外国の地図は取り締りが厳重で重要施設は全然載っていないばかりでなく、英国では一インチが十二マイルの縮尺の地図（約七十六万の一の地図で、もちろん我が国の五万や二十万の地図などとは比較にならないほど簡単なもの）まで個人の携帯を禁止している。

英国では昭和十四年九月十日に写真統制令を出して、国防大臣の許可がなくては国家の重要施設はほとんど写せないことになっている。また昭和十五年二月七日の国防省布告によると、外国へ輸出する写真は一切検閲を経る必要があると規定されている。ドイツでも政府の許可がなくては一切の写真類を国外へ持ち出せなくなっている。その他の国でもほぼ同様の取り締まりをしており、最近では絵葉書を用いて外国と通信することを禁ずるようになっている。支那でさえ鉄道橋は一切撮影禁止になっていたので、我が航空部隊である荒鷲も、蒋介石への援助ルートである鉄道橋を爆撃するために必要な写真を手に入れるのに非常に苦心した。地図だけで写真がなければ爆撃をするにしても非常に困難である。大体どんな地形のところにあるか、どんな構造であるか、どんな長さであるか、どれ位の高さかなどは、地図だけでは到底分からない、止むを得ず一度偵察しなくてはならない。偵察飛行をやれば敵に悟られもするし、犠牲も出る。

ところが写真が一枚あると、小学校の生徒でも、橋脚はコンクリートで高さはどれ位、長さはどれ位、付近の地形はどんな状態かが一目瞭然である。従って容易に何キロの爆弾でよい、付近の山から高度何メートルで、何機編隊でどの方向から侵入し、どういう爆撃をやればよいという計画がすっかり出来上がる。写真があるとないでは爆撃の成績が非常に異なるのである。

ところが支那では前述の通り鉄道橋の写真は一切撮影禁止なので、どうしても手に入らない。随分苦心した結果、その鉄道を建設した技師がその鉄道建設のことを書いた本の中にやっと貴重な鉄道橋の写真があるのを発見して、早速利用したのである。

翻って日本の状況はどうかというと、世界一の絵葉書狂の国であるといわれる位で、鉄道橋とか、停車場、トンネル、発電所、変電所、水源池、電信局、電話局、無線電信局、放送局、重要な役所、学校、研究所、港湾施設、倉庫等々、およそ国家として防衛すべき重要施設は大概名所絵葉書になっている。外人が旅行をするとこんな絵葉書や地図をどんどん買っている。鉄道橋とか駅とかの写真を自由に写させている国は一等国では日本だけである。その意味からいえば日本は三等国だ、支那以下だともいえるのである。

会社、工場などでは営業案内やカタログなどに、大概俯瞰撮影の工場全景、社屋全景等を載せている。外国のスパイは組織の網を通じて、これらの絵葉書や営業案内をどしどし集めている。この点からいっても日本人は知らず知らずとはいえ、まるで外国のスパイのお手伝いをしているようなものであって、諸外国ではすでに立派な京浜地方、阪神地方、北九州地方はもちろん、その他の地方の正確な爆撃用の図が沢山完成していて、いつ使ってくれるかとあくびをしながら待っているに違いない。

このように文書諜報は恐るべきものであるから、我が国としては文書防諜を完全なものにするため、速やかに国民、特に文書出版に関係する人々の防諜観念を向上すると共に新聞紙法、出版法の改正を断行しなければならないと考える。

現代の情報戦 ～SNSと世論誘導～

80年前の戦時中と現代では、文書情報に関する状況は大きく変わりました。副題で「新聞、雑誌、図書、地図、絵葉書等からよい資料を取る」とありましたが、そこにインターネットが加わったことは、まさに情報革命と言えるでしょう。

そして、SNS上の画像情報の膨大さを考えれば、現代は〝スパイ天国〟と言ってよいかもしれません。情報は、世論を動かす道具ともなりえます。

昨今では、SNSを使った世論誘導工作が盛んです。２０１６年以降の米大統領選挙、ロシア・ウクライナ戦争（２０２２年）、イスラエル・ガザ戦争（２０２３年）では、極めて多くの偽投稿が確認されています。

米マイクロソフト社が２０２３年9月8日までに公表した「サイバー攻撃に関する調査報告書」では、ＳＮＳ上で中国の工作員とみられる偽アカウントが生成ＡＩ（人工知能）を使い、米国の世論を誘導しようと試みている可能性があると指摘しました。

特徴としては、以下のようなものが確認されています。

- インフルエンサーや著名人を偽装している（なりすまし）
- 生成AIで作成したセンセーショナルな画像を使っている

画像は時に、人の指や腕が不自然な形になっていたり（指が6本ある等）、よくよく見ると明らかに加工物であることが分かる場合があります。多少不自然でも、より刺激的に目を引く画像を作成し、拡散力を高めているのです。

中国では**「五毛党」というサイバー部隊**が存在することはご存知でしょうか。ネット上で、中国共産党に有利な世論を醸成することを狙う集団です。都合の悪い情報や団体を攻撃し、好ましい方向に誘導することを目的としています。書き込み1件に対して5毛（1・5円）が支払われることが名前の由来だそうです。

匿名アカウントを使い、罵倒したりレッテルを貼ったり攻撃をしてくるのは、こういった悪意や狙いを持つ場合があるため、まともに相手にすることは避けた方が賢明です。

また、面白く刺激的な投稿だからといって、安易にリポストやシェアなどして、偽情報の拡散に協力しないことが求められます。

実際、日本国内でも「SNS投稿代行サービス」は存在しており、依頼者の狙いや目的に沿った投稿を、報酬をもらい仕事として行っている者もいるのです。

しかしこれからは、何といっても「生成ＡＩ」がこの情報過多（ビッグデータ）社会では活躍するでしょう。**ＡＩは情報収集、世論誘導、プロパガンダに最適なツールといえるでしょう**。どうか、悪意のある使い方ではなく、世の中のためになる使われ方をすることを望みたいところです。

そして、皆さんの念頭に置いて欲しいのは、**日本の情報を収集し、国民や特定の団体の弱点をつかみ、攻撃や世論誘導の方法を日々考案している者がいる**ということなのです。それは今も昔も変わりません。

個人情報の収集から分かるデータもあることでしょう。ＬＩＮＥをはじめ、スマホの様々なアプリやポイント系アプリなどからも、個人情報が抜かれている場合があります。

しかしそこで大事なのは、「そんなに情報を取られていては怖くてなにも出来ない」ではなく、リスクをあらかじめ承知しておくことではないでしょうか。

数々のポイントアプリやゲームアプリは、購買させることだけが目的ではないこと。

タダでポイントや金銭に還元されるということは、その見返りに「自分の何かを相手に与えている」のだという意識を持つことが必要だと思うのです。「タダほど高いものはない」そんな意識も必要かもしれませんね。

◎宣伝のやり方
――目的は国民思想の破壊――

前のヨーロッパ大戦の時には世界の通信網はことごとく連合国側の手に収められていたので、我が国に伝えられたのは連合国側の宣伝ばかりであった。戦争が済んでドイツ側の話を聞いてみると大分話が違っている。特に英国は相当にあくどいデマ宣伝戦術を用いていたことがわかったので、今度のヨーロッパ対戦でも英国側が盛んに宣伝を行ったものの、各国共相当の割引をして聞くのであまり効果が上がらなかった。

現在の宣伝の傾向を見ると、あまりでたらめなデマ宣伝はやらなくなったようである。これにはラジオの発達が大きな力となっている。すなわち英国側がどんなにデマ宣伝をやっても、ラジオの電波は封鎖することは出来ないからすぐに尻尾を出してしまうのである。ラジオの特長は、全世界の人々が直接責任者の声を聞けることである。あの迫力のあるヒットラーの声が聞ける。

デマ宣伝が減ったもう一つの原因は写真の無線電送の発達である。重大な出来事は直ちに世界中の各地へ電送して新聞紙上に掲載させることができる。このラジオの発達、写真の無線電送の発達の二つは近代の宣伝戦術を一変させた重大な素因である。

そこで新聞を見ても、ドイツ側が発表すると英国側でも率直にこれを認める。場合によっては予め味方の損害を発表して、敵側から誇大に宣伝されるのを防ぐといった調子である。

こうしたわけで現在では、極端なデマ宣伝はやっても、かえって逆効果なので、本当のこと、事実のことを並べ、その並べ方や継ぎ合わせ方、すなわち編集によって相手方を自分の希望する方向へ引っ張って行こうという傾向にあるようである。すなわち本来なら右なら右のものを、編集の巧妙さによって左と思い込まそうというのである。

宮城前で少年少女の勤労奉仕隊の活動している写真を出して「支那事変のために労働力が不足したから日本は少年少女を駆りだして強制労働をやらせている」との説明がついている。

皮革統制が実施された時、下駄履きの足を取り扱った新聞のニュース写真は、「日本は物資が不足し国民はもはや靴も履けない、ロシアの革命後の状況と同じで、実際はほとんど大部分が裸足で歩いている」との説明をつけて逆宣伝に使った。

日本人が見ればなーんだと思う写真でも、外国人が見れば説明を信じて「そのうちに日本は潰れてしまうだろう」と思うようになるのである。写真そのものはインチキでもなんでもないが、編集によってまるで反対の結果が出てくる。結局、個々のことは本当でも、その結論はすっかり信じられないことになる。向こうはその結論を信じさせるために苦心して、事実を基にして編集しているのである。

例えば「日本にはガソリンが不足している、鉄も不足している、米も足りなければ木炭も足りない。餅もなければ、お酒も飲めない。これは戦争をしているからだ。早く戦争を止めないと国が潰れてしまうぞ」と言われたとする。なるほど足りないことは事実である。して見るとそうかなあと、その結論を信じて騒ぎ出したとすると、前のヨーロッパ大戦のドイツの二の舞で、その外国の謀略宣伝の思う壺にピッタリはまったことになるのである。

このように諸外国は、少しも宣伝らしくない、いかにももっともらしい自然の声として国民の心に植え付けるため、合法的組織網を通じて巧妙有効な宣伝をしている。この組織網の存在が、このような巧妙有効な宣伝を可能にしているのであって、英国大使館では盛んに英本国のラジオニュースを聴取し、直ちにこれを印刷して各方面に発送している。教会で、学校で、商取引の間に、社交の場で最も自然に、しかも日本の新聞に掲載されていない最近のニュースという魅力によって伝えられるので、非常な伝播力を持っている。耳新しいこと、特殊なことを得意になって他に伝えるが如き従来の不用意な態度は、諸外国の宣伝の最も喜んで狙っているところであるから、特に言葉に注意し、彼らの宣伝のお先棒を担いで日本を不利に陥れ、英霊に対し顔向け出来ない結果をもたらさないよう心がけなければならない。

更に恐るべきは、前に述べた諸外国のスパイの組織網は日本に不利な事実が自然に発生するのを待たず、進んで銃後の国民生活をかく乱する生活不安の事実を人為的計画的に発生させ、一方これに応じた宣伝によって我が国の思想的崩壊すなわち革命の誘致をやっていることである。

例えばガソリンの配給をちょっと手加減して、ガソリンスタンドの前に自動車の長蛇の列を作らせて何となく不安の空気を漂わせる。あるいは漁船の重油を制限して魚の値を吊り上げ、国民生活を圧迫する。そして一方では品不足と生活不安を宣伝するのである。

ガソリンが不足するのは戦線の兵隊が無駄に使っているのだ、水が汚いから洗濯に使っているのだとか、半分しか使わないガソリン缶を捨ててしまうのだとかの風評を撒き散らして、戦線と銃後との結束を破壊し、戦争を厭（いと）い反軍的思想を燃え上がらせようとの彼らの計画的宣伝であった。

一頃のマッチ不足の裏にもこうした恐ろしい秘密戦の魔の手が動いていた。すなわち当時の自由主義的な生産配給機構の弱点を狙って、マッチを大量に買い占めて国外へ流し、某国は莫大な利益を得る一方、その組織網を利用して「買いだめしておかないと大変なことになるぞ」「いま暫くマッチを売らずにおけば一儲けできる」などとマッチ不足の現象に即応した宣伝をやった。この宣伝に乗って買いだめをやる、売り惜しみをする、闇取引が起こる、となって、ますます物は少なくなり、社会不安は増大する。こうしてあのマッチ飢饉を招来したのである。

　このように、単に自然発生的な事実を編集しての宣伝に止まらず、組織の網を通じて経済的な謀略をやり、国民生活の不安を人為的に作り、これに即応した計画的な宣伝をやって、経済的破壊から思想的破壊へと銃後を急速に崩壊させ、我が国を敗戦に導かんと努力しているのである。従って買いだめや売り惜しみ、闇取引等をやったり、無責任な噂を信じてデマを言いふらしたりする人は、スパイの手先となって我が国を滅ぼそうと努力しているといってよいのであって、防諜上、断固たる取り締まりが必要である。今回国防保安法の制定によってこれらの宣伝、謀略等が取り締まられるようになったのはもとより当然のことといわなければならない。

　我々日本国民は眼前にいかなる事実をつきつけられようとも、決して動じてはならない。日本の行くべき道はただ一つ、聖戦完遂世界新秩序※の建設あるのみである。

※【聖戦完遂世界新秩序】……1940年7月26日の第2次近衛内閣で閣議決定された基本国策要綱において、「日満支ノ強固ナル結合ヲ根幹トスル大東亜ノ新秩序ヲ建設スルニアリ」という文言がある。この時より「大東亜共栄圏」という言葉が使用され、大東亜戦争は、欧米支配からの解放を目的とする聖戦と捉えられた。

要するに宣伝は、国民の思想面の崩壊を目的として行われるものであって、秘密戦の最大最終の目標であり、秘密戦の大詰めであることを十分に認識して欲しい。

マスコミ、テレビは嘘をつく〜日本の情報教育を考える〜

「宣伝の目的は国民思想の破壊」とありました。まるで今の日本をそのまま語ったような内容に戦慄を覚えます。

宣伝の最たるものはテレビ・新聞ですが、北欧デンマークの中学校の公民の教科書では、まず初めに「マスコミを信じるな」と書かれているのです。ざっとまとめましたので、お目通しください。

- これからの子供たちが出ていく社会は「情報化社会」。だから情報はとても大事です。
- しかし、マスコミというものにはスポンサーがいます。
- スポンサーの意向に沿った報道、政府に忖度した報道があります。

- マスコミが流す情報を鵜呑みにしないということが、情報化社会を生き抜いていくのに大事なことです。
- 「何が本当に正しいことなのか？……ということを、様々な情報を集めながら自分で考える」ということをやらないといけません。

なんと、「マスコミは嘘をつく」と学校で教えられているのです。日本では全くこういう勉強をしません。先生でさえも理解していないことかもしれません。

中学校の家庭科で〝包丁〟の扱いを教えるように、公民で〝情報〟の扱いを教えているのです。

テレビは情報が一方通行ですが、現代のインターネットには情報があふれていますので、今の子供たちは自分で情報を集めて調べて精査して、「本当に正しいこと」を知ることができるのです。

現代の学校では、そのような教育が求められています。

大体、日本の小学校は子供をバカにしている……と私は思っています。なぜなら「テスト勉強というものが、基本的な子供の思考力を奪っている」からです。テストのための勉強というのは、決まった答えをどれだけ早く求めるかというトレーニングですので、決まった答えにたどり着かないといけません。決まった答えのない問題というのは、日本の学校のテストではほぼ出ません。

どうしてそうなったのか？　それは、先生たちも採点するのが簡単ですし、子供たちも暗記するほうが楽だからです。

私もよく街頭演説で言っていることですが、ヨーロッパの小学校高学年や中学校の学校見学で、歴史の授業を見せてもらったことがあります。

「どういうテストをやっているのですか？」と聞いたら、日本に例えれば、「あなたがもし豊臣秀吉だったら、本能寺の変が終わった時に、どういう対応をしますか？」といったような問題なのです。驚きましたね。

この問題にきちんと答えるには、まず、「本能寺の変とは何か」ということを分かっていないといけません。その上で、殺された織田信長が何をやってきたのか、殺した明智光秀の動機は何か、その時に豊臣秀吉はどういう状況にあって、ライバルの徳川家康は何をしていたのか……そういったことも全部理解していないと、この問題に答えられないわけです。

歴史の時代背景を理解した上で、さらに、「自分が秀吉の立場だったらどうするのか？」という思考を問うのです。

人間の歴史や事象を学ぶことは、ある意味でよいケーススタディ（事例研究）です。自分が同じような局面に立った時にどう考え、いかに行動するのか。あの時秀吉はこうしたな、あの時信長はこう動いた、ということを自分に置き換えて考える指標を得るために、歴史を学ばせているということなのです。

しかし、日本の歴史教育ときたら、何年にこんな事件がありました、誰がやりました……そういった知識と数字の詰め込み教育です。**子供たちから思考する力を奪って**

いると言っても過言ではありません。

◎経済謀略による破壊活動

謀略のやり方
――目的は生産及び資源の破壊――

次に秘密戦の第三の攻撃手段である謀略（ぼうりゃく）である。謀略には政治謀略、経済謀略、あるいは細菌謀略、毒物謀略、破壊謀略など種々に分類されるが、現在日本として防諜上最も注意すべきは経済謀略から導かれる思想破壊であって、このことはすでに前に述べた。現在アメリカが実施している輸出禁止、すなわち経済封鎖も経済謀略の一つの表れと見ることができる。すなわち経済封鎖によって戦争遂行を不能にすると同時に国民の生活を逼迫させ、その不安動揺に乗じて反国家、反戦の方向へ導こうというのである。

しかし経済封鎖をやっただけで直ちに相手方が参るとは限らない。その国が売らなくても他の友好国から買う手もあるし、ストックもあれば、国内で生産もできる。そこで最後の直接的な手段は、経済破壊という謀略である。破壊には爆破、放火、細菌等がある。油のタンクを爆破する、炭坑を爆破する、工場、発電所を爆破する、綿花の倉庫に放火する。あるいは従業員に対して細菌毒物を投じるなど、直接に資源を壊滅させ、生産力を低下させて国力の急速な消耗を図るのである。これは一方において治安を乱し国内不安を惹起して思想的崩壊を早める効果があることはいうまでもない。

大連あたりで何百万円もの綿花が焼払われたり、時計仕掛けの爆弾で鉄道橋、駅、その他の重要建物が爆破されたり、あるいは満洲で馬三千頭が炭疽菌でやられたこともある。これは明らかに某国の細菌謀略だといわれている。

満洲、北支、中支に渡って活躍して約百名に近い大放火謀略団が、関東洲庁の警察で検挙され、大連埠頭の綿花の放火が彼ら一味の謀略行為であったことが明かにされたことは、本年初めの新聞記事に掲載された通りである。

一衣帯水（いちいたいすい）の彼方でこのような敵性列国の第五列の謀略活動がある以上、国内にもその魔手が伸ばされていないとは限らない。満州事変※勃発以来工場の災害が逐年増加し、その損害高は驚くべき躍進振りであることを考えると、この中にスパイの破壊謀略の魔手によるものが絶対にないとは断言出来ないであろう。逼迫した国際情勢においてこのような経済破壊の謀略が急に熾烈化するであろうことは、火を見るよりも明らかであると断言する。

※満洲事変……1931年に中華民国奉天（現瀋陽）郊外の柳条湖において、関東軍が南満洲鉄道の線路を爆破した事件（柳条湖事件）に始まる、日本と中華民国との武力紛争。1937年には蘆溝橋事件が勃発し、全面的な日中戦争へと突入する。

このほかに生産力を破壊する謀略としてストライキやサボタージュの煽動もあ

るが、これは主として宣伝に属するからここには省略する。

要するに現代の国家は文化が高度に発達し、国家の各部門が有機的活動をしているため、一部の経済面の破綻は、直ちに国家全般の経済面に波及し、しかも思想は経済に根底を有している関係上、経済面の動揺はすぐに思想の動揺、治安の乱れを惹起（じゃっき）する。しかして我が国の経済は残念ながら決して堅固とはいえず、外国に依存している傾向が強いため、諸外国の謀略が我が国の経済面の破壊に向けられていることに注意し、売り惜しみや、買い占め、闇取引等は単なる経済警察の対象となるべき事犯でなく、我が国の運命を左右すべき国際秘密戦の一部であるとの観念をもって、断固たる取り締まりが必要だと信じる。前に宣伝は国民思想の崩壊を目的とする秘密戦の大詰めであると述べたが、この大詰めが成就するか否かは一に経済謀略の成否にかかっている。我が国としても我が国民としても、最も注意し最も警戒しなければならないものは実に経済謀略である。

経済謀略への警戒

経済謀略から導かれる、経済的な混乱、思想破壊、乗っ取り工作等は、今も延々粛々と行われています。情報が瞬時に世界を駆けめぐる現在においては、あらゆるトラブルが世界的規模となってしまうため、海外での事故や破壊活動が、日本経済に大きな打撃を与えてしまうこともありうるでしょう。

ひとつの刺激的な情報により、為替相場が動き、株価が動き、石油やガソリンの値段が動く世の中です。もしそれがデマ情報で、何者かの策略の元で操作されている情報であったとしたら……私たちは日頃から正しい情報に接し、自分でものを考え判断できるようにしておかなければなりません。

お金と情報は、密接な関係があります。株を扱う仕事をしている人にとっては、情報は何より大事なものでしょう。〝世に出ていない極秘情報〟などは、喉から手が出るほど欲しいものに違いありません。

戦前には、偽造紙幣（にせ札）を大量に撒き、あからさまに経済的混乱を引き起こす作戦もありました。ドイツでは「ベルンハルト工作」（対英国）、日本では「杉工作」（対中国）などが知られています。

現代社会では、武器を使わずとも、株価や為替が大暴落するだけで、その国の国力を大幅にダウンさせることができるのです。

戦前の日本では「陸軍省戦争経済研究班」（通称「秋丸機関」※）という部門があり、戦争を経済の面から分析、対策することも行われていました。戦いは常に経済力を念頭に、武力以外のところでも動いてくるわけです。

※秋丸機関……秋丸次朗中佐が率いたためこの名がついた。敵国および同盟国の経済戦力を詳細に分析し弱点を把握すると共に、日本の経済戦力の持久度を見極め、攻防の策を講じ

た。メンバーは経済学者、各省の官僚、満鉄調査部の精鋭、各界のトップレベルの知能を集大成した総勢およそ二百名の組織。英米班、独伊班、日本班、ソ連班、南方班、国際政治班があった。

なお本組織は、英米戦の勝算について「勝ち目なし」とする内容の報告書をまとめたが、陸軍上層部に握りつぶされた。

戦国時代に兵糧攻めがあったように、食料自給率が低い日本は、根本的に戦争弱者と言えます。岸田内閣より経済安全保障担当大臣が置かれ、経済安全保障推進法も公布され（令和4年5月11日）、**「経済安全保障」**という言葉が、近年ようやくクローズアップされてきたようにも思いますが、情報の取り扱いが国力を左右するという認識が、より一般化することを願ってやみません。

また、企業の力を削ぐために、労働組合の中に（海外の）工作員が入り込み、わざと経営者と労働者を乖離させて、その組織を弱体化させることなども、よく聞く話です。

労働組合は、一見社員のため、働く人々のための組織と思われがちですが、弱った企業を乗っ取り、外資に売るための謀略の場合も往々にありますので、くれぐれもご注意ください。

◎日本人をスパイの手先にするには

また日本人で外国のスパイの手先になっている人があるとしたら実に残念なことです。

日本の秘密を外国に売ったり、また売ろうとしたりした日本人が今までにもありました。

　しかし本人は知らないで手先をつとめている人が多いのです。先ほどからいろいろと例を挙げて、知らず知らずに日本人がスパイの手先になっているとのお話をしました。これは別に外国人からお金を貰ったり、外国人にご馳走になったり、外国人に親切にされたりしたためではなくて、単に防諜ということが分かっていなかったために知らず知らずにやっていただけですが、今お話しているところの「本人は知らないでスパイの手先をつとめている人」というのは、外国人から金を貰いご馳走になったり親切にされたためついうっかりと手先にされていながら、そうでないと威張っている外国崇拝の連中をいうのです。

　大分前に捕まったある国のスパイは、本国を出る時、日本に行ったら少なくとも三年位はスパイ行為をしてはいけない、慈善事業に寄付をしたり、親日的な行動をしたりして日本人の信用を得よ、日本人に信用されれば防諜心のない、口の軽い、信じやすい日本人からは黙っていてもいろいろ有利な情報が流れてくると言われたそうです。

まったくその通りで、日本人の多くは軽々しく信じやすく、防諜を知らず、しかも外国人と見れば日本人よりも優秀だと思っています。つまらない外国崇拝の考えから、外国人と交際することでそもそも偉い人になったように思って外国人と交際し、少し親切にされたり、ご馳走されたり、お金でも貰うと、巧妙な外国スパイの手に乗せられて、べらべらとしゃべったり、あるいは外国人に頼まれていろいろな調査をしたり、大切な書類を渡してやったりしているのです。

外国人と交際するのは悪いとは申しませんが、よほど注意しないと愛する日本のためにならないことをうっかりしていることになりますから、注意の上にも注意をし、防諜ということをよく理解していなければなりません。

そして、日本人は決して外国人に優るとも劣らない、優秀な民族であることを、片時も忘れず、大いに勉強し、しっかり研究し、更に更に優秀にならなければなりません。

現代社会にも数多く実在するスパイ

情報工作を任務とするスパイ（情報機関員）にはどういう種類があるのでしょうか。その特徴から3つに分類できます。**「オープンライン」**（Open Line）、**「シークレットライン」**（Secret Line）、それから**「協力者」**（エージェント／Agent）です。

この章では、少しだけディープな実際の話をします。

「オープンライン」は、基本的に本国の公的な肩書を持っており、それを公開しながら情報活動をしています。公的な肩書をオープンにしているので、**合法、あるいはグレーゾーンの範囲内**で情報活動や政治影響力工作（Political Influence Operation）を展開しています。違法な情報活動で逮捕されたりすると、外交問題となってやっかいな難しいことになるからです。

したがって、情報機関員でありながら、日本国内では、外交官の身分で大使館や領事館で勤務していたり、国有企業幹部やシンクタンク研究員などの肩書を用いて活動している場合などは、オープンラインの情報機関員である可能性が高いと言えます。

次に、**「シークレットライン」**とは、国の肩書を公表していない情報機関員を指します。

中国を例にとると、元々中国では、情報機関である「国家安全部」や「人民解放軍情報部」などの身分を有しているのに、**あくまで民間人として来日**し、日本で会社に就職したり自分で会社を立ち上げたりしています。偽名を用いていることが大半です。

これらシークレットラインの情報機関員は、逮捕されても、表面上は本国政府とは直接つながりがありませんから、**非合法活動にも関わる**ようです。ですから裏社会である、マフィア、ヤクザ等との関係をもつこともあります。暴力団は一般的に政治家のゴシップ情報等をよく持っているので、情報機関にはとても都合がいい存在と言えます。

また、シークレットラインには、わざと中国を批判し、中国に敵対する団体……例えば日本の保守系団体、右翼団体、民主化団体などに接近し、**内部情報を収集、組織を分断、撹乱**する者や、最先端企業に潜入して、**技術情報を盗む**者がいるので、極めて注意が必要です。

次に**「協力者（エージェント）」**です。情報機関員は、どのようにして、協力者（エージェント）を獲得し、スパイネットワークを構築していくのでしょうか。このプロセスはどこの国でも似たり寄ったりではありますが、せっかくなので、また、中国を例に挙げましょう。

まずは、**スポッター（監視員）と呼ばれる工作員**がいます。彼らが、中国にとって役に立ちそうな人物を選び出し、その性格や経済、家庭状況などの情報を集めて、本国に報告します。彼ら、スポッターは日本の様々な分野、例えば、大学職員、実業家、ビジネスマン、エンジニア、シンクタンク研究員として働き、普通の生活を過ごし、**普通に同僚らと交流しながら情報を収集**しています。

スポッターからの情報は、本国の情報機関で、評価、アセスメントされます。協力者（エージェント）として獲得することが決まれば、どのように獲得するかを検討します。

この協力者を獲得するためには〝**MICE**〟を利用します。

ＭＩＣＥのＭはＭｏｎｅｙの「**Ｍ**」。すなわちお金です。お金や利益供与で情報を買います。

直接の現金のやり取りは危険ですから、ビジネスチャンスで手心を加えるとか、ビジネスと見せかけて、報酬をその代金に含めて取引することが多いようです。**お金に困っている人が狙われます。**

次に、**「I」**は**イデオロギー**です。思想信条で協力者を獲得する方法です。一昔前ならマルクス主義、今なら祖国への愛、ナショナリズムなどを持ち出して協力を求める場合がそれにあたります。

「C」は、コーション、**脅迫や強制**による方法です。協力を拒否した場合は、本国にいる家族や親族を人質にする方法で「あなたの家族に何か不都合なことが起こっても知らないぞ」などと脅します。

「E」はエゴです。人にはみな**自尊心**、**エゴ**があります。そのエゴを利用します。特に職場で辛い目にあっている人とか、正当に評価されてないとか、**不満を持っている人に狙いを定め**て、中国の有力者などと会食する機会をつくり、自尊心をくすぐる方法です。

そのほか、このＭＩＣＥに付け加えられるのがＳＥＸ、つまり**「ハニートラップ」**です。これは説明不要ですね。日本人に最も効果的なのはこの方法だと中国では囁(ささや)かれています。なお、スポッターになるのは本国の情報機関員の協力者が多いようです。

さて、獲得の方針が決まりましたら、次に獲得を実行する**「リクルーター」**を接近させます。そして人間関係の構築、醸成を図ります。リクルーターは情報機関員である場合が多いようです。

したがって、スポッターとリクルーター同士は、公然と接触することはありません。獲得に失敗した場合、スポッターが情報機関員と接触していれば、協力者と疑われる可能性があるからです。

リクルーターは、スポッターからの情報を頭に入れて、標的に接近します。これは綿密に計画して**偶然を装います**。例えば、皆さんがよく通う飲み屋やスポーツクラブで偶然知り合うとかです。リクルーターには、やはり異性が多く使われます。

リクルーターは、標的の人物と接触を重ねながら深い関係になると、ある時、**小さなお願い事**をします。例えば「知り合いの雑誌編集者があなたの国の政治についてコメントが欲しいそうで、ちょっと簡単なレポートを書いて頂けませんか（笑顔）」といったような依頼です。そうしたやり取りをしばらく続けながら、標的の反応を図っていきます。

そして問題がないとなれば、次の段階は「獲得」です。

リクルーターがビジネスや研究者交流、講演の依頼など様々な理由をつけて標的を**中国、あるいは第3国、例えばマレーシア、タイ、シンガポールなどに招待します。**ヨーロッパで接触したケースも見られます。

そして、本国または第3国で初めて、「**ハンドラー**」と呼ばれる本国の情報機関員を紹介されます。たいてい身分を偽っており、ビジネス・コンサルタント、シンクタンク研究員、あるいは雑誌編集者などと自己紹介します。

そして対象者に「あなたのレポートはとても素晴らしかった。今後もお願いしたい」「あなたは生活に困っているようなので、応援したい」「両国の友好のためなら、これくらいのお金は安いものだ」などとおべっかを言い、**お金や儲かるビジネスの話**

を持ちかけます。また、その場合は、「私のバックには人民解放軍がいるから安心だ」とか、「有力政治家の○○と親戚だからビジネスの成功は保証する」などと匂わせることがあります。

こうしたやり取りを繰り返しながら、情報機関員は、より機密度の高い情報収集を依頼し、見返りにビジネスの便宜や現金を対象者に提供し続けます。そして標的となった対象人物が、情報活動での協力を全面的に承諾したところで**獲得は完成**となり、その後は、ハンドラーが対象者をコントロールしながら必要な情報を収集させるように運営していく段階に入ります。

その際、いわゆる「保全指導」と呼ばれる、対象者がスパイとばれないように、**秘密通信、資料の受け渡しの方法や緊急時の連絡の取り方などをきめ細かく指導**していきます。暗号通信機器や、不正登録された携帯電話、暗号メールなどを対象者に渡して、定期的に連絡するように取り決めることもあります。そして、要求する情報、たとえば技術情報が必要なら、「技術要求リスト」と呼ばれるリストを渡して、情報収集させていきます。

こうして対象者はエージェント＝スパイとなり、もう後戻り出来ません。最悪、暴露の危険が発生したり、必要がなくなれば消されることもあるでしょう。だからこそ、安易にスパイにされることのないように**「防諜教育」は大変重要**なのです。まさに「躾（しつけ）」ですね。

◎防諜の主体は国民
――国民の一人一人が防諜戦士――

以上、日本におけるスパイの正体はどんなものであり、それがどんな活動をしているかを述べた。要するに外国の合法的な組織の網がスパイの実体であり、この組織の網が日本全体を覆っているのである。そして国民の防諜観念の不足に乗じて、悠々と諜報をやり、宣伝、謀略等を思うままにしているのである。日本はまるでスパイの網の中に喘いでいる魚のようなものである。

これを防ぐ防諜の主体は誰であろうか。それはあくまで国民全体である。今日の防諜は決して官憲や軍の力だけでできるものではない。

なぜなら、諜報を防ぐことについていうならば、すでに申した通り外国スパイ網の狙っている諜報の対象は、国民各自が業務において、日常の生活においいて持っているものだからである。

宣伝についても同様に、国民が防諜の主体である。宣伝の対象はいうまでもなく国民である。だから国民がどんなことをいわれてもその宣伝に乗らない、デマ宣伝を信用せず、自国の政府を信頼していれば、いかに巧妙な宣伝をしたとしても無駄に終わるのである。

謀略についても、工場なら工場、倉庫なら倉庫、発電所なら発電所、浄水場なら浄水場等の持場を各人が厳重に守り、放火されたり、破壊されたり、細菌や毒を入れられたり、あるいはうかうかと煽動されたりしないように用心さえしていれば、相手の破壊謀略は成功しないわけである。

経済封鎖にしたところで、たとえ封鎖をされても国民の覚悟一つ、すなわちあくまでも困窮に堪えるという国民の決意次第で、経済封鎖の効果は大きくもなれば小さくもなる。従って謀略に対する防諜の主体も国民、全て防諜の主体は国民であるといえる。

だから警察官や憲兵だけで防諜をやることは絶対に不可能である。国民各自がやらなくては、防諜は絶対に出来ない。仮に一人の泥棒があるとして、その泥棒に絶対に物を盗ませまいとすれば五人や十人の警察官が要る。

国民各自が戸締まりを厳重にし、火の元に注意することにより盗難や火災の予防ができる。もしこれを怠ったら、いかに多くの警察官や消防手を置いても駄目である。これとまったく同様に、防諜の主体たる国民各自が、真剣に防諜をやらない限り日本は秘密戦に敗れ、日本は滅亡するのである。「国民の一人一人が防諜戦士」この標語を忘れないで欲しい。

なぜ敵に絡めとられてしまうのか？

「国民の一人一人が防諜戦士」という力強い言葉がありました。

多くの日本人の皆さんは、困っている人に（外国人に）親切にすることは、美徳であると思っているとも思いますが、時にお人好しすぎるのも、注意を払わなければならないでしょう。

また、政府要人などの役職にある人が、敵に絡めとられてしまうことがあります。

それはなぜでしょうか？

愛国心の欠如、国家観の欠如、色々ありますが、結局のところ、〝**心が弱いから**〟です。

私も政治活動をする中でいろんな圧力を受けてきました。地位やポジションの提示、お金、過去の何かで脅すといった感じのことです。

やはり、その人の軸や心が弱いとそちらに流れてしまいます。物事は易きに流れますから。

ちなみに、自民党などの大政党の政治家たちは、その党の中で、「公認」というポジションをもらっていますから、その時点で自分個人の意見なんか言えません。ＬＧＢＴの時も、コロナの時も、法案を通して見て、そこはよく分かりました。

「なぜ何も言わないんだろう」「なぜ反対しないんだろう」と疑問でしたけれど、「そうだよな、サラリーマン議員だもんな」とも思うわけです。

そんな彼らからは、「参政党はいいな、自由で」と言われます。「じゃあウチに来たらいいじゃないですか」と言うと、「でも選挙通らないでしょ」と返してきます。

だから逆に言えば、参政党がもっと強くなれば、国を想う気持ちがある人は参政党に移籍して来るでしょう。その時がまた、さらに参政党が大きくなるタイミングなのです。

また、例えば、西郷隆盛先生の『南洲翁遺訓』とか、佐藤一斎先生の『言志四録』とか、そういうものをちゃんと小さい時から学んでいれば、人として、特にリーダーになる心構えが育まれるのではないでしょうか。国家官僚、政治家は、まさにリーダーですから。

〝リーダーたるものかくあるべし〟という帝王の哲学が多くの政治家にはない。日本にはリーダーの教育がないのです。

なぜリーダー教育がないのかと考えると、リーダーが出てくると困る人たちがいるからです。〝彼ら〟がコントロールしにくくなりますし、自立しようとするから非常に困る。だから日本人は、ある意味、烏合の衆であって欲しいだろうし、そうでないと〝間接統治〟が出来なくなるわけです。

本当のリーダーはどうしたって自立しようとするでしょう。ただ、そのようなリーダーはこれまでの日本国には要らなかったのです。日本の政治家や官僚には、間接統治に協力してくれる、中間管理職的な性格が求められるのです。

これは政治だけの話ではありません。「中間管理職をたくさん作る」ある意味で戦後教育はそこに集結していたかもしれません。

たまに「そんなことでは駄目だ」と気概のある人が出てくると、みんなで足を引っ張って、潰します。過去には危険人物とみなされた人は暗殺されたこともあったでしょう。不審な死は、安倍元首相の暗殺事件（２０２２年7月8日）を例に出すまでもなく、幾多にもおよびます。そうやって出る杭を打って打って、潰してきたのです。だから私は最初から、「こんなこと言ったら参政党叩かれますよ、潰されますよ」と言い続けてきました。すると、「少し大げさだろう」「煽ってるんじゃないの」とも、色々言われました。でも、そういうセオリーは確実にあり、実際にそうなっています。事実なのです。

最初から〝潰されることを意識して、考えて行動しています〟。罠はいたるところに仕掛けられているのです。まだ参政党は小さな勢力で影響力も少ないから、大きな攻撃はないかもしれませんが、注意はしています。過去の立派だった方々は、このように大勢が潰され、悔し涙を流してきたのですから。

日本は「一億総中流社会」と言われて久しいですが、その中流が崩壊しつつあるのが、令和の日本です。これは多くの人たちが感じていることだと思います。

ですから、今まで通りのエリートの自己保身的なやり方では、通用しなくなっていることを考えないといけません。アメリカもこれまでのように強くはないですし、一枚岩でもないことを、十分に考慮しないといけないでしょう。

コミュニティーを崩壊させる情報戦

情報操作でコミュニティーや人間関係を破壊させることができる例を紹介します。

まず、コミュニティーに人が集まると、そこにエネルギーやお金が貯まります。そうなるとそれをどうしても奪いたい、潰したいという者が必ず現れます。

最初から攻撃してくるような場合は分かりやすいので、防御しやすいのですが、厄介なのは「友を装う敵」＝フレネミー（フレンド＋エネミー）です。

フレネミーは最初はコミュニティーの中で活躍し、リーダーやメンバーの信頼獲得に努めます。そしてある程度自分に信頼が付いてくると、急にリーダーの欠点を周囲に漏らし始めます。それは露骨な悪口ではなく、「コミュニティー全体の利益のためにはもっとこうした方がいいのにね」といった言い方であることが多いです。

そうやって最初はリーダーに取り入り、ポジションをとったのち、リーダーのマイナス情報を浸透させることで、リーダーとメンバーの信頼関係や繋（つな）がりを切っていき、リーダーに集まっていたエネルギーを自分に向けていくわけです。そしてコミュニティー内コミュニティーをつくり、頃合いを見てそこに集まるエネルギーやメンバーをごそっと持っていくということをやります。

こうした一連の流れを「分断工作」と呼ぶこともできます。

このような工作に乗せられ、加担させられやすいのは、組織内で不遇な目にあっていたり、不安を持っている人です。

有名な「スターウォーズ」の映画の中でも、正義の味方であるジェダイの騎士のアナキンスカイウォーカーが、自分の実力をなかなか認めてくれない師匠のオビワンに不満を持っていたところを、敵側のシスに付け込まれてしまうシーンがあります。シスはアナキンに「オビワンがアナキンの実力に嫉妬しているのだ、今のままでは愛する人が死ぬことになる」と吹き込み、彼のエゴと不安を増幅させ、ダースベーダーとして傘下に加えていくことになります。

オビワンが嫉妬しているとか、愛する人が死んでしまう、というのは全て嘘の情報です。

アナキンスカイウォーカーは優秀な騎士でしたが、まだ若く心が弱かった。言い換えれば老練なシスの情報戦に耐えうる力がなかったのです。

こうした流言飛語による分断工作は、三国志や日本の戦国時代にもたくさん例がありますし、我々の日常にも溢れているんですが、現代の日本人はかなり無防備になっています。

私は、このようなやり方でエネルギーを奪いに来る人のことを「エネルギーヴァンパイア」と呼んで、周囲のスタッフには注意を呼び掛けています。こういった工作がありうることを知っているかいないかで、対策がとれるかどうかが変わってくるからです。皆さんも頭に入れておいてください。

◎防諜と法規との関係

——法規を守っただけでは防諜は出来ない——

次に防諜と法規の関係であるが、防諜は法律の禁止を守っただけでは絶対に出来ないことを認識して頂きたい。防諜に関する法律としては、軍機保護法、軍用資源秘密保護法、それに今度の国防保安法、その他要塞地帯法、軍港要港規則、陸軍輸送港域軍事取締法等いろいろある。しかし法律というものは最後の線だけを押さえたものであって、その法律でいけないということだけを守っていればいいかというと、それでは防諜は絶対に不可能である。

前に金庫の中に厳重に保管しておくべき秘密を真の情報といったが、法規はこの真の情報を守るためのものである。金庫の外に出ている推定の情報は行政指導及び国民の自覚に委ねるよりほかに手がないのである。前に述べたように外国のスパイは主として推定の情報を集めているのだから、法規を守っただけでは彼らのために道を開けておくようなものである。

例えば軍機保護法で東京横浜付近では、地上二十メートル以上の高所からは許可なく写真を撮ってはならないことになっている。では二十メートル以下なら鉄道橋を撮ろうと駅を撮ろうと差支えないことになるが、法律に触れていないというのでこんなものをどしどし出しているととんでもないことになることは、前にあげた海鷲※の〇〇（原文ママ）鉄橋爆破の写真はほとんど全部が二十メートル以下から撮影されたものである例でおわかりのことと思う。従ってここに、官憲の行政指導に服従するのみならず、各人の自覚によってやることが必要となってくる。要するに法規にはなくとも防諜上必要と認める措置は、どしどし行っていかなくては、本当の防諜は出来ないのである。

※海鷲の鉄橋爆破……海軍の戦闘機のことを「海鷲」と呼んだりする。「雷電」「紫電改」「零戦」など。鉄橋爆撃は重慶爆撃のことか。

ところが日本人はこの点の認識がなくて、「防諜上有害だから止めてくれ」というと「それは一体どんな法的根拠によっていうのか」と食ってかかられる。「防諜　に関する限り……」といろはから説明しなくてはならないのである。

また「防諜上感心しないから止めてくれ」というと、「これはあの本にも載っている。あの本によいものがどうして自分だけ悪いのか。もう相手方には分かっているはずだ」と反問される。しかしこれは諜報を少しでもやった者にはすぐわかることであって、スパイといえども神様ではないから、日本の出版物を全部読んで情報を得るわけではない。百の本の中に一つや二つなら案外目を逃れることがあるのであって、一つに載せたからというので全ての本に書いてよいということにはならないのである。またその本の信用度によって同一の記事でもスパイの目の光り方が違うものであることを知らなければならない。

「防諜は国民各自の自覚から」これが防諜上非常に大切なことである。

「スパイ防止法」がない国、日本

今の日本には「スパイ防止法」がなく、〝日本はスパイ天国〟とも言われています。各国のスパイが日本で落ち合って情報交換をするといったことも、頻繁に行われています。

「日本はKGBにとって、もっとも活動しやすい国だった。」と旧ソ連KGBの将校（スタニスラフ・レフチェンコ少佐）は語っていたそうです。

防衛省ですら、その情報管理を任せている民間会社のエンジニアに中国人が入っていると週刊誌に書かれていました。しかもその会社を斡旋したのが元国会議員というのですから、空いた口が塞がりません。

防衛省をはじめとした国のトップといえる役人の方々から、情報の大事さを改めて考えていく必要があるのではないでしょうか。結局、政治家や役人、関連企業の方々に意識を高めていただくのも、国民の後押しがあってのことです。

やはりまず第一に、国民一人ひとりに情報セキュリティの考え方があってしかるべきです。しっかりとした防諜の考え方が根底になければ、立ち行かないと思います。


ロシアとウクライナの戦争報道を見ていても、何が正しいことなのか素人は全くわからないと言っていいでしょう。どちらかが正しいと断言する識者もいますが、情報操作に加担している可能性もあるのです。日本のマスメディアのニュース情報は鵜呑みには出来ません。これらはまさに、**情報を使った《世論戦》**なのですから。

戦争をする時に、「国際世論をどう作るか」という意図は必ずあるのです。これは、戦争の当事者同士だけの問題でなく、各国なんらかの利益が間接的に絡んでくるため、「世論」も政治的に重要な要素となるからです。

日本のメディアには基本的に、アメリカの情報が流れてきていますから、**〝アメリカに有利な情報しか日本のメディアは流さない〟**ということすら一般の人は分かっていません。

多くの国民は、〝テレビで報道していることは本当のことだ〟と思い込んでいますが、そうではなく、日本はアメリカの情報ピラミッドの下にいて、ロシア人、中国人、欧州の人々、中東の方々とは全く違う情報ピラミッドの中にいるんですよ……ということを、日本人はもっと知る必要があります。

◎写真防諜

我が国の写真が不利に使用された例

1、銀座松屋の閉店時、女店員の退出の状況を写した写真が米国に流れ出た。米国はこの写真に、日本は戦争のため男不足となり、全ての職業の七五％までは女であるとの説明を付して対日悪宣伝に用いた。

2、皮革統制の際、下駄履きを扱った某新聞社のニュース写真は日本の物資不足、経済的行き詰まりの状態として逆宣伝に利用された。

3、宮城前における少年少女の勤労奉仕隊のニュース写真は、日本は事変のため、最早人的資源も枯渇し、少年少女を駆り出して強制労働をさせているとの悪宣伝に使われた。

4、日本のグライダー競技のニュース写真を使って、日本は航空隊大拡張のための強制訓練をやっているのだと悪宣伝に利用した。

5、枚方火薬庫の爆発、静岡大火の写真がいつの間にか国外に流れ出て、某国は日本における反戦団体の仕業だとの宣伝に使っていた。

6、未完成大阪駅の写真を某国では日本の物資不足の誇大宣伝に利用した。

7、某国では各種重要工場の事業案内、カタログ等を収集し、工場全景図を将来の爆撃の資料として利用している。

8、諸外国では日本全国に渡り絵葉書を収集し、爆撃、爆破、その他の謀略資料として整理している。

9、某国では我が国で発行されている某地理書を多数購入し、その写真を諜報、宣伝、謀略の資料として整備している。

10、有名な外国のカメラマン某は長く日本に滞在している間、本国の密令を果たすため日本人のカメラマンに接触し、そのアルバム中より必要な写真を貰い受けていた。

11、某国は盛んに古本屋を漁り、多数の書籍を買い集め、この中から近頃では到底入手し得ない重要施設の写真を切り抜き整理し、有事の日に使おうとしている。

プロパガンダ写真で印象操作

戦時中、写真が、対日悪宣伝に使用された例が多数あります。

例えば、日中戦争において、国民党軍にはプロパガンダを専門とする部門があり、そこでは日本軍の残虐性を強く印象付けるための合成写真を製作して世界中に拡散していました。こうしたプロパガンダ写真は、相手国との戦いを有利に進めるために使われます。

今でも、そういった古い白黒写真で、遠近が不自然で合成ではないかと疑われるものが、歴史的事実として紹介されていることがあります。残念なのは、戦争が終わった後も、こうしたプロパガンダ写真がひとり歩きして利用され続けたことです。本来は、このようなプロパガンダ写真を科学的に検証し、目撃者証言を添えて、しっかり否定していくべきだったのです。

しかし、それを長く放置してしまったことで、ほとんどの証言者が他界した今となっては、事実として定着したかのように、日本の歴史をひどく歪曲してしまいました。これを後から覆すことは大変難しいのです。

日本では、テレビや新聞報道で何度も繰り返して使われる戦地の写真や映像を見て、それを疑うことなく事実と信じてしまう人が多いと思います。しかし、その映像は、ひょっとしたら、映画監督がいて撮影スタッフがいて、役者やエキストラを動員して、プロパガンダとして撮影されたものだったらどうでしょうか。最近なら、ＡＩを使うなどして、偽の写真を本物のように作ることは誰でも簡単にできるようになりました。

国家は、戦時や平時関係なく、自国の戦略が有利に展開できるように、プロパガンダを駆使して印象操作をするものです。嘘も１００回繰り返すと事実になるといわれるように、いつの間にか、それが事実として〝歴史〟にされてしまいます。

どのような報道であっても、少なくとも、その報道はどちら側から見たものなのか、反対側はどのように報じているのか、報道内容に矛盾がないか……などをしっかりチェックする姿勢が、情報戦に強くなるためには必須だと思います。

司法の世界にも情報戦（法律戦）あり

昨今は司法にも左翼イデオロギーを持ち込む人が増えているとみられ、時々「なぜこのようなおかしな判決が出るのですか？」ということも、ままあります。

彼らは司法を通じて自分たちのイデオロギーにとって都合の良い判例を積み重ねることで、〝革命〟を成功させる環境を醸成したり、あるいは、外国政府の影響下にあって、相手国においてスパイ活動や破壊活動を実行しやすくしているのかも知れません。

「スパイ防止法」を議論しようとすれば、司法界の一部から反対や懸念が強く表明されるのも無関係ではないでしょう。

中国共産党の軍隊である人民解放軍の法規である「人民解放軍政治工作条例」には「世論戦、心理戦及び法律戦を展開し、敵軍の瓦解工作を展開」することが明記されています。

「世論戦」とは国内外の世論に訴えるため、各種メディアやオピニオンリーダーを通じて、自国に有利な情報を流し込むような活動のこと、また**「心理戦」**は、爆撃機を相手国近海に頻繁に飛行させることで、有事になればミサイルで焼け野原にするぞと、心理的な恐怖で揺さぶりをかけて抵抗意思を挫くことなどが当たります。

そして、**「法律戦」**とは、国内外の法律を駆使して、中国の戦略的行動を擁護することを目的としています。例えば、中国にとって都合が良いように相手国の国内法に干渉することなどが含まれます。

一般の日本人には、ピンとこないことかもしれませんが、司法の世界も法律戦の熾烈な戦場となっているのです。

したがって、イデオロギーに偏った判決、またはある特定の国が不自然に有利になるような判決があれば、その背後に、イデオロギーや外国の諜報活動の影響が見られないか、しっかり監視しておく必要があるでしょう。

第3章

国民の心構えこそが最大の防衛

◎防諜は国民の心構え一つ

防空は、銃後の国民が空から落ちてくる爆弾、焼夷弾、ガス、細菌、毒、宣伝ビラに対し一致結束して我が国土を守ることだ。

防諜は、地下の見えないところから行われる爆破、放火、細菌や毒の撒布、宣伝に対して、あるいはこれらの基礎となる諜報に対して、我が国土を守ることだ。そして防空はただ心構えだけでは出来ない。多くの資材や金が必要である。しかし防諜は国民の心構え一つで、明日からといわず今からできることばかりである。今までうっかりしていた、お互いに注意しようと心構えを改めることによって、ほとんど大部分は解決するいともやさしい問題であり、しかも我が国にとって最も重大な問題である。

今我が同胞は陸に、海に、空にあらゆる辛酸を凌ぎ、尊き生命を捧げて武力戦を遂行している。この聖戦を完遂させるためには、銃後国民が秘密戦に勝つこと以外にはない。いざ戦おう国民よ、一人一人が防諜の戦士として。

日本人の意識が変わる時が来た

日本人の意識が変わり、皆さんが各々（おのおの）で考え出すようになれば、日本人は勤勉で賢い国民だと思いますので、早ければ10年20年で、完全に復活できるのではないかと、私は考えています。

ただ逆に、このまま放置しておくと、自分で何も考えない人間がどんどん生産されていってしまい、日本が滅んでしまいます。経済、軍事、大事な政策の根幹を作っているのは、やはり「人」なのです。

「あ、私、これまで騙されていたのかもしれない」と、人々の意識が少しずつ変わり、気付いてくいくところから始めないと、何も始まらない。危機意識や防衛意識が皆無の人たちに、いくらお金や武器を渡しても、結局うまく使いこなせないですし、言われるがままに無駄な買い物をしてしまうだけでしょう。

「危機意識」「防衛意識」、さらにもうひとつ大事なことは「愛国心」です。「公共心」と言ってもよいでしょう。国家を想う気持ち、社会を、日本を大切にする気持ちのことです。

こういった心も同時に奪われていますので、「愛国心」がないと結局、悪いことや私利私欲に頭を使ってしまうわけです。

逆に言えば、彼らも賢いので「情報」が大切だというのは十分すぎるほど分かっているはずです。でも、強い側について、ある意味、国民をだます側に回ったほうが、自分の身も安全だし、お金も儲かるじゃないかと思っている人たちが日本には大勢います。つまり、国のことよりも自分のことを第一に考えている人たちです。

なぜそうなってしまうのか？　彼らに共通して欠けているものは、国民を同胞だと思う気持ちであるとか、国民を守りたいとか、やはり「愛国心」なのです。

能力的に優秀な人も日本には大勢いますが、結局、愛国心とか公共心が弱いから、取り込まれてしまうのです。


私も葛藤する時がないと言えば嘘になります。

それこそ大政党の人に、「来ないか」「一緒にやればいいのになんでそんな小さい党なんか作ってわざわざやっているんだ」「君ぐらい人を惹きつけることができるなら、もっと大きな党で活躍すればいいじゃないか」「席は用意するぞ」などと耳元で囁かれるわけです。

参政党は一から手作りでやっていますから、大きな党に入ったほうが圧倒的に楽だなと思う時も正直あります。

しかし、私がそんなことをしたら、何のために参政党を作ったのか分かりませんし、参政党を応援してくれる全ての人を裏切ることになるので、それは死んでも出来ません。

つまり私には「矜持（きょうじ）」があります。でももしこの矜持が無かったら、合理的に効率的に自分の都合だけを考え、大きな党に行ったら何もかもが楽になる……叩かれないし、組織の中でやればいいいし、ポストはあるし、選挙も手伝ってくれるし、お金もあるし……。

そこの矜持を守り、踏みとどまるかどうかというのも、国家や社会に対する自分の強い想い、そして同じ想いを持った仲間たち、参政党の皆さんの想いがあってのことなのです。

◎防諜はいかにしてやるか

防諜は武力の戦以上に大切な国防行為であって、防諜が不十分であったらいかに武力の戦に勝っても結局は戦争に敗けるのである。ここまで、この大切な防諜は主として国民が主体となって、各人の自覚から出発して行うべきものであることを説明してきた。

では次に、いかにして防諜は行われるべきか、ということを説明したい。

第一に強調したいことは防諜観念の徹底である、「秘密を漏らさないことが防諜だ」といった消極的な小さい観念から速やかに脱して、「外国の恐るべき秘密戦に対して我が国を守ることが防諜だ」という積極的な大きい観念を植え付けることである。この防諜観念の基調をなすものは、無意味、無条件の外国崇拝観念の一掃である。

「これは舶来だぞ」という言葉が正直に白状しているように、日本国民のほとんど全部が無意識に抱いている外人崇拝の観念が、外国の組織網を喜んで国内に導き入れたのである。恐るべきスパイの活動を容易ならしめているのもこの観念である。

無条件の外国崇拝こそは、諸外国にとって対日秘密戦の最もよい足場であり、スパイ活動の温床となっているのである。

スパイの正体は外国の合法的組織の網であることはすでに述べた。それならば防諜の根本問題は、この秘密戦の主体たる外国の組織網を取り除くことである。すなわち資本、技術、学術、宗教等あらゆる部面における外国依存を、一日も早く脱却することである。

欧米依存を続けている限り、防諜は絶対に出来ない。どうしても外国のお世話にならない、自主独立の日本を作らなければならない。すなわち高度国防国家を一日も早く建設しなければならないのである。

高度国防国家の建設は、防諜の立場からいっても、極めて緊要な事柄である。経済、学術、宗教、その他あらゆる部門において外国依存を脱却すると同時に、現在のように日本人がただわけもなく外国人を崇拝し、外国人と交際するのを誇りとするような状態を、一日も早く矯正しなければならない。

それなのに日本の現在の状態はどうだろう。国民は今一度冷静になって自己の周囲を見回してみるべきだ。広告であれ、看板であれ、商品であれ、あらゆるものにいかに多くの外国文学が使用されているか、また、いかに多くの指導者達が日本に住みながら外国語を得々と使っているか。まったく外国の植民地であり属国的存在ではないか、実に日本のこの現状は三等国以下である。このような状態にありながら、この是正が国民の声として起こらないほど、日本の国民は麻痺しているのである。この状態から奮然立ち上がって日本人は真の日本人らしく、日本の国は日本人の手で世界一の国としなければならないとの運動が展開されることが最も必要である。こうなれば外国の組織は日本の国内に不要となり、恐るべきスパイ網が退陣する。

◎個人の防諜心得

では国民は個人としてはどんなことに注意すればよいか、その防諜の心得というべきものを箇条書きにして挙げてみることにしよう。

一、自己の持場を厳重に守ること

各人の一人一人が秘密戦に対して自己の持場を守ることとは、銃後国民としての責務である。自己の持場へスパイが潜入して秘密を盗んだり爆破や放火、細菌や毒を撒布したり、その他危害を加えられないように注意しなければならない。すなわち職域奉公に徹底することである。防諜観念を加味した職域奉公を完全に行うことにほかならない。

二、各々自己の言葉を慎むこと

口は禍の門、防諜の要諦は何といっても言葉を慎むことである。不用意な言葉からあるいは重大な秘密を漏らし、あるいは宣伝に踊らされるというようなことのないようにしなくてはならない。

特に業務上秘密に関係している人は、業務上是非言わなくてはならないこと以外はしゃべらないことが肝要である。特に名称、数量特徴に関することは避けなければならない。

この沈黙というのは手紙や出版物、写真等についても同様である。

ちょっとした不注意で書いた手紙から秘密が漏れたり、戦線の兵隊さんに今にも日本国内に米飢饉が起こるかのように思わせて非常な心配をさせたり、軽々しい新聞記事や、雑誌記事、その他の図書、地図、写真等の取り扱い方から、外国の諜報、宣伝の材料を提供してしまうことが多い。

三、自己の持ちものに注意すること

自己の保管しているものを失くしたり、盗られたりしないように注意しなくてはならない。大切な書類などは自宅へ持ち帰らない方がよい。持ち歩いている間にとかく油断が起こりがちで、間違いの起こる元となる。複写術の進歩した今日では、手許に持っていてもちょっとした油断があれば内容を探り知られるのである。

泥酔している職工を警察に連れていくと、秘の印を押した書類を持っていることがよくある。秘密書類が見つからないというので大騒ぎをしていたら、技師が自分の家へ持って帰って忘れていたという話もある。危険千万なことである。

不用意に秘密の書類を紙屑屋へ払ったり、大丈夫だと思って秘密書類の一片を便所の中へ捨てたりするのは禁物である。満洲では某国は便所の落し紙まで買い集め、消毒して情報収集に利用しているのだ。

四、他人の言葉や記事等に軽々しく迷わされないこと

日本人は人を軽々しく信用して、すぐ秘密を打ち明ける癖がある。外国スパイは日本では「まず相手に信用されることが第一で、スパイをしようなどと思ってはならない。信用されるようになれば情報は自然に入ってくる」と言っている。

「俺はスパイだが……」と言ってくるスパイは一人もないのである。ましてご当人すらスパイの手先になっていることを知らない場合が多いほど巧妙に秘密戦が行われることはすでに述べた通りである。

他人の言葉や書物に書いてあることを軽々しく信用すると、敵の諜報や宣伝にひっかかる恐れがあるから、常に防諜という立場に立って冷静に判断する必要がある。でないと自分までスパイの手先になってしまうのである。

五、自己の行いを慎み、つけ入られる隙を作らないこと

スパイの手先となる日本人は大概金銭で買収されている。酒や女や金銭の誘惑にかかり、あるいは弱点を相手に押さえられて脅迫を受け外国の手先となることのないように注意しなければならない。その根本は、自己の行いを慎み、私欲を去って、公私の別を明らかにすることにある。

前ヨーロッパ大戦の時、有名な※レードル事件というのがあった。オーストリアの参謀レードル大佐が作戦計画をロシアへ売った事件で、結局大佐はピストル

自殺を遂げた。このレードル大佐は、最初は金でも酒色でもどうしても誘惑されなかったが、たった一つ、同性愛の秘密があって、これを暴露するぞと脅かされた結果、ずるずると深みへ引き込まれたのであった。もしその事件が暴露しても、それは自分一個のことであると公私の別を明らかにしていたなら、こんな不祥事は起こらなかったはずである。

六、規定をよく守ること

防諜のため官庁や会社、工場等にはいろいろな規定があるから、進んでこれを守るようにすることが大切である。

◎団体の防諜

団体の防諜は

一、団体員に正しい防諜観念を植え付けること

二、団体員の防諜行為を統一すること

の二つにある。

従ってこれらはその団体の規定として盛られ、これが実行を促し監督するにほかならない。

今の概要を総括的に述べると

一、人事に慎重を期すること

1、採用の際の身元調査を厳重にし、不良分子の混入を避けることが必要である。

2、採用後の指導、監督教育を怠らず、防諜上の被害を未然に防止する策を立てること。

3、人事の公平、待遇の改善、福利に関する諸施設等により人の和を保持することが肝要である。

4、異民族を使用する際は、特にその監督を厳重にしなければならない。

二、警戒を厳重にすること

1、スパイその他不良分子が潜入し得ないように、守衛や看守を置き、その服務を適切にし、戸締まりを厳重にして垣根を堅固にする。

2、面会人、商人、その他の外来者の出入りを厳重にする。

3、関係のない者が秘匿を要する場所や施設に接近し得ないよう必要な措置、設備を整え秘密を知られる範囲を極度に制限する。

4、場合によっては、可能ならば出入者の携帯品を検査する。

三、書類や品物の取り扱いを厳重にすること

1、秘密書類はその起案、調製、授受、保管、使用、検査、処分等を明確にし、勝手に写しを作りまたは内容を抜粋し、あるいは私室や自宅等へ持ち出さないようにする。

2、不用書類、紙屑類の処置を厳重にして、誤って屑屋の手に渡ることで秘密が漏洩しないよう注意すること。

3、書類（通信を含む）の発送は責任者を定め過誤、紛失を防止すると共に外部より不穏文書または悪宣伝文書等の潜入を防ぐこと。
4、工場あたりでは秘密書類の内容は製品として現われているから、この取り扱いについても1、2、3に準じ注意すること。
四、発表を統一すること
公表する事項は関係者の閲覧点検を受け、その関係者も相互に連絡を緊密にして防諜上遺憾ないように記事を統一し、発表の不統一から秘密を推測されないよう、あるいは秘密を漏洩しないよう注意すること。
五、防諜観念の涵養（かんよう）、防諜組織の結成を行うこと
1、幹部自ら範を示し防諜心を向上すること。
2、防諜に関する教育指導をしばしば行うこと、特に防諜上不可なる場合を発見した時は直ちにその機会を捉え防諜観念の徹底を図る。
3、各部、課、室毎に防諜主任者を定め、更に全般的にこれを統制し防諜に関

する諸規定の普及徹底遵守履行を確実にする。

団体の防諜において特に要望したいのは、団体の幹部、特に上級幹部の防諜に対する関心の向上である。団体防諜の成果いかんは一に上級幹部の防諜観念のいかんによるといって誤りない。この点が団体防諜向上のため急速に是正すべき要点であろう。

なお今一つ注意したいのは、団体の防諜はその団体のみではどうしても完全に行われず、その団体と交渉を有する各種の業者がその団体と手を握り合って同じ気持ちでやらなければいくらでも抜け道ができるということである。従って防諜共栄団とでもいうべきものの設定を希望する。

◎要は真の日本、真の日本人となること

防諜とは秘密戦から我が国を守ることである。すなわち諸外国が我が国に指向

する防諜、宣伝、謀略の魔手に対して、我々国民が各々その分に応じて日本の国を護ることである。

しかして戦争は、この恐るべき秘密戦に対して、国民が武力戦における第一線将兵の心をもって、心として敢然として死をもって我が国を守り得た時初めて勝利を得、大東亜共栄国の確立が実現されるのである。

従って防諜の根本は日本国民が至誠奉公の念に燃える真の日本人になることにある。

スパイに乗ぜられる根本の原因である外国崇拝をやめ、外国系の経済団体、宗教団体、教育団体等、すでに日本に不必要となったものはできるだけ早く取り除いてスパイの温床を絶滅しなければならない。更に我々の頭の中にある外来思想、すなわち自由主義や個人主義思想も徹底的に排除して真の日本人に立ち返らなければならない。

日本が本当の日本、他国に左右されることのない日本となり、日本人が真の日本人となって初めて真の防諜ができる。この日本を作ることがすなわち高度国防国家の建設にほかならないのである。

　こうして一億国民が老いも若きも、男も女も、富める者も貧しき者も、互いに苦しみを分かち、互いに手を取り合ってあらゆる苦難を突破し、高度国防国家を建設するとき、聖戦は完遂され、大東亜共栄国は確立され、世界の新秩序は建設される。

　こうした国家が出来上った暁には、防諜などという消極的な暗いものはなくなる。日本の国民は言いたいことを言い、書きたいことを書く、しかしそれでも外国スパイの策動の余地は少しもない、否、日本の国はあまりにも偉大、あまりにも立派で、秘密戦を指向する余地がないということになるのである。かくして永久に平和輝く世界の日本八紘一宇（はっこういちう）の皇謨（こうぼ）の完成となる。

　最後に再び言う。防諜の要は日本人が真の日本人となり、日本が真の日本になることであると。

真の日本人になろう

「真の日本人」となることを意識していますか？

日本に生まれただけでは、真の日本人にはなれないような気がしませんか？

結局、「国を守らないといけない」「仲間を守らないといけない」という想いが根幹になければ、情報を見抜く力や使いこなす技術があっても、逆に悪いほうに使ってしまい、かえって害悪になる場合だってあるのです。

ですので、情報や諜報のことを考える時に、**その人間の基本的な考え方、生き方そのものが、ものすごく大事になってくる**のだと感じています。

前本で読んだことがあるのですが、戦前の情報機関だった陸軍中野学校では、「どれだけ国家に対する忠誠心があるか」ということを測れたそうです。

情報を見抜く力だけではなく、その力を何のために使うのかという哲学、ポリシーがなければ、全く意味がなくなります。

今の日本は、正直、両方がありません。

情報リテラシーもない。国家観もない。国家や日本人のために、国益を守るために、情報やお金を正しく使おうという矜持もない。非常に、状況は厳しいです。

「我が国」という想いが、「この国」＝「this country」と、どこか他人事になってしまった。

永田町にいても、国会議員の発言や霞が関の官僚の発言を聞いていても、結局、そういう「想い」がないのだなと思います。皆さんとても頭も良いし、答弁も上手ですが、やはりそこに心を感じないから、感動がなく人が動かない。

私などの演説がそれなりに、皆さんに支持して頂けるのは、別に話している内容が立派だからではないと思っています。

ただその根幹にある、「日本を少しでもよくしたい」「皆さんの生活をよくしたい」という**真っ直ぐな気持ち**があるから、恐らく皆さんはシンパシー（共感）を感じて下さっているのだと思っています。

たまに「演説上手だね、どこで練習したの?」とかもいわれますが、練習なんかしていません（笑）。

演説の時は、ただただ、根幹の想いを強くして、自分の中で確認しているだけなのです。想い、気持ち、心のことは、この《情報》を扱う時に、とても大事な考え方なのではと思います。

政治家も官僚も、優秀な人ほど自分のポジション争いしか考えていないのではないでしょうか。

大義がないのは、やはり教育の問題ではないのか……。大きな目的、理念があれば、本当はもう少し協力し合えるはずなのに、それが出来ません。口では耳通りの良いことをいっても、結局理念がないので協力出来ないのです。

参政党は、そこは大事にしたいと思っています。大義のためなら、いくらでも力を惜しみません。

言葉ではなく、言葉で教えられるものでもないようにも思います。

実は幼少の時に触れる大人の影響は大きいとみています。

「お父さんたちは何でこんなに頑張ってるんだろう」とか、「何でこんなに社会のためにお金になんないことをやってるんだろう」ということを、行動で見せておかないといけないのです。

いくら口で、「お前、社会のために頑張れよ、日本の国益守れよ」と言っても、上手く伝わらないでしょう。「じゃあ私は何をしたらいいの?」となる。

口ではなく、それに基づく行動を日々しておくことが一番なのかなと思っています。

江戸時代のお侍さんたちも、君主に忠義を尽くしていました。子供たちは父の背中を見ているだけで、「お殿様にはこうやって尽くすものなんだ」と少しずつ理解して、彼らの忠義の心が体の中から育っていくのです。

天皇陛下を敬い大切にするのも、お父さんやお母さん、おじいちゃんおばあちゃんが、しっかりと敬っているから、真似してそうするわけでしょう。

同じように、ご先祖様を大事にする気持ちも、家族みんなでお墓やお仏壇に手を合わせるから、子供たちは「あぁ、そうなんだ」と思うわけです。

行動も見せずに口だけで言っても、やはり伝わらない。古来から日本人は生活習慣の中に、そういったご先祖様や国を想う気持ちを、上手く組み入れていたのにそれが壊されてしまった。

戦後、新嘗祭の日（11月23日）が、勤労感謝の日に変えられてしまったのも、いい例でしょう。社会全体の仕組みから考え直さないと難しいかもしれません。

戦後だけではないのです。明治維新から数えたら１６０年ぐらいかけて、日本の文化や力が潰されて来ていることになるのですから。

第4章

教育こそが国の基本

◎学校における防諜教育

防諜の教育は真の日本人を作ることである

防諜観念の養成には、少年時代から学校教育においてこの観念を教え込むことが必要である。

「防諜教育」と銘を打つと、スパイ教育に対するスパイ防止教育とでもいうか、いかにも特別な教育をしなくてはならないと思う人がいるかもしれないが、決してそうではない。

防諜とは前にも述べた通り、外国の行う対日秘密戦に対して日本を守ることである。従って防諜の根本理念は、外国の我が国に指向する諜報、宣伝、謀略に対し、日本国民が各々その分に応じて愛する日本の国を守るということにある。

すなわち「真の日本人を作る」ことである。この根本問題を逸しては、いくら個々の防諜上の注意事項を徹底させても、決して防諜教育の完成は期待出来ないのである。

従って真の日本人を作り上げる学校教育、それ自体が防諜教育であって、特別な教育が別にあるわけではない。

防諜は知識ではない、躾（しつけ）である

防諜に限らず全て、声高く叫ばれている間は、その事柄が徹底していないのである。

「防諜」、「防諜教育」と声高く叫ばれている間はその国の防諜は完全でないことを表している。

日常生活と防諜とがピッタリと融合し、日常の立ち居振る舞いで知らず知らずの中に防諜が実践される。すなわち各人の日常生活の中に防諜行為が実践されるようにならなくては真の防諜は出来ない。防諜教育が防諜技術の説明に終始して

いる間、すなわち知識の範囲に止っている間は役に立たないのであって、行住坐臥の躾として、日常生活の一挙手一投足の上に防諜行為が実践されなくてはならない。すなわち学校ではもちろん、家庭でも、また社会に立った場合にも、各人の生活の中に自然に実践されるように徹底させなくてはならない。このように徹底させるには、教育というよりもむしろ終始たゆまぬ躾によることが必要である。

教育の要領

学校教育における防諜教育の要点は、結局「防諜概説」の「個人の防諜心得」で述べた六箇条に尽きる。このことは前にも述べた通り、至誠奉公の念に燃える真の日本人であることによって完成するのである。

従って特に「防諜」と銘打って教えようとする態度は不賛成であって、整理各科目の教育に当たって、以上の六箇条を国際的、または国家的に説明して各科目に織り込んでいけばよいのである。一例を挙げると算術では、各種の統計からどんなことを知り得るかを教えた場合に必ず、統計はこのように重要な資料であり、不用意に外国に示せば対日秘密戦の資料となるから、決して他に示すべきでないことを徹底させる。

修身で、寡言（不言）実行の美徳を教える場合、不用意の言がいかに諜報、宣伝、謀略に利用されるかを例示する。

読方、作文で紀行文を教えるとき、その紀行文からどんなことを知り得るかの観察眼を与えると共に、このような紀行文が逆に外国に利用された場合どんな結果を産むかを知らせ、不用意に紀行文を公刊物に発表すべきでないことを徹底させる。

地理、歴史その他全ての科目でも、これと同様の方針で教育すればよいのである。

その他いずれの課目についても同様であって、要は教育者が防諜の何たるかを正当に認識しているか否かにかかっている。

そうして以上のように知識として教えると共に、直ちに学校生活において紙屑の始末とか、日常の談話とかに実践を要求し、これを監督し、徹底的に躾けて、更に進んでこれを家庭に社会に押し広め、「我が国の防諜は学校の教育から」との意気をもって邁進することが肝要である。

日本人を変えていく「教育」の意識改革

「教育」とは「情報戦」であるように、まえがきでも述べさせていただきましたが、「防諜」とは「しつけ」である、そんな名言も本書『防諜講演資料』には書かれています。

では、教育からいかに人を変えていくのかと考えてみた場合、まずはやはり、皆さんの〝**情報の取り方を変えてもらう**〟ことが必須なのではないでしょうか?

大人の場合と子供の場合とで考えてみましょう。

まず子供から。これは参政党の政策論のような話になりますが、〝**学びの選択肢を増やす**〟ということが大事だと思っています。

今の学校は、テスト勉強が中心で、宿題をやらせて、偏差値を競わせる勉強が主となり、評価の基準になっています。けれど「そうではないやり方の学校も作っていいですよ」と教育委員会なども、もう少し考え方を幅広く取って欲しいと思っています。

公立学校は基本的に無償でお金はかかりません。なぜかというと税金で賄われているからです。税金で運営されている学校に通えば無償で勉強ができます。

でも、何らかの事情があり、不登校になったり、その学校が合わないとなると、塾に通ったり、ネットで勉強したり、費用を自分で負担しないといけません。

私は、この制度を変えて欲しいと思っています。子供１人あたり月いくらかの授業料を、税金で負担できるようにしたらよいのです。そうすると、子供は勉強したいことを選べるようになります。

例えば、10万円分の学べるクーポンをもらえたら、人それぞれ選ぶ授業、学校は変わってくるでしょう。ハイレベルな塾に行きます、フリースクールに行きます、森の学校に行きます、農業の体験に行きます、音楽を習います、など、そのように色々な選べる授業があったら、実に素晴らしいなと思うのです。

それが可能になれば、**多様な教育**が生まれてきます。「みんなが同じ考えを持っていて同じ答えにたどり着く」ような思考体系から外れる人間が出てきます。

その子たちが、社会の中枢に入っていき、組織を動かしたり、会社を起こしたりすると、今までの日本人が常識だと思っていた思考パターンではない人間が社会の中心で活躍し、イノベーション、改革といったことが起きるでしょう。

長期スパンで考えて、やはり「教育」から変えていく必要があります。

大人に関していえば全て変える必要があります。情報の取り方、扱い方すべてを今までとは変える必要があります。本でもいいし、ネットでもいい。やはり、何か、**新たな気づきを自分に与えてやる**ということです。

繰り返しになりますが、参政党はそのために作った党だといっても過言ではないのです。

だから参政党は情報発信とか街頭の演説をとても大事にします。選挙に勝つことはその結果であって、別に選挙に勝つことを目的に作ったわけではありません。だから政権与党になるとか、総理大臣になりたいとか、そういう願望は現代表の私には全くありません。

ただ、一定数以上の政治勢力として、参政党が存在感を増す必要があるとは思っています。「あの党の主張は一考の価値があるよね」と思って頂きたい。「政府はこう言っている、けど参政党はもっと違うことを言っているね」「後から考えると、参政党の主張の方が結構合理的だったんじゃない？」というケースが絶対出てくるはずです。

そうなると、皆さんがますますもっと聞いてくれるようになりますから、**参政党自体が、一つのメディア、教育機関になるわけです。**

参政党の活動というのは、ズバリ「教育活動」なのです。政治というより、教育といった方がわかりやすくなるのではないでしょうか。国民の皆さんに対しても、子供たちに対しても、「日々学ぶことを大事にしましょう」と考えて、様々な情報を伝えています。

「みんなが少しずつ、社会に対して、できることをやろうよ」というメッセージを確実に伝えたいと思っています。

今回のこの『防諜講演資料』に関しても、「大事なことだから、皆さんに知って欲しい」という、それだけのことなのです。

今の民主主義のプロセスの中で、お金の力で情報をコントロールするのではなく、正々堂々と正論の政治を行なって、皆さんの支持を集めながら、情報発信をしていく。参政党が一つのメディアのような組織になれば、国民の意識を変えることはできると思っています。

子供には「教育」、大人には「意識改革」を。

参政党は学びの場所なのです。

答えのない問題に直面した時のために「教育」がある

学校で出されるテストの問題は答えが決まっています。つまり、テストというよりクイズなのです。偏差値が高い＝クイズが得意ということですね。

そんな日本では、クイズ王が大勢育ちます。エリートほどクイズ王です。

そこで私は思うのです。

では現実において、**答えのない問題に直面した時には、どうしたらよいのか？**

当然、未知の問題に対応するときには、リスクも取らないといけないわけですが、今の学校の勉強で〝リスクを取る時〟という場面はほぼ無いといえるでしょう。

自分でリスクを取って何かに挑戦するとか、ギリギリの場面で究極の選択を迫られるというようなトレーニングが、一切なされていません。いつだって正しい答えは誰かが持っているのです。それが日本の学校です。

先生は答えを持っていて、そこに早くたどり着いた人が優秀だと、良い評価をするものですから、優れた生徒ほど〝羊〟のようになってしまうのです。

頭の良い、要領の良い生徒ほど「その答えに早くたどり着けばいいんでしょ」「たくさん点数取ればいい学校に行けるんでしょ」「いい学校に行ったら人より多いお給料がもらえるんでしょ」と考えます。

6歳から22歳ぐらいまで、ずっとそういうトレーニングを受けていますから、点数にならないことは、次第にやらなくなります。

私がこのことに気づいたのは、実は江戸時代の教育スタイルを学んだからです。

薩摩の郷中（ごじゅう）教育とか、吉田松陰（よしだしょういん）先生の松下村塾（しょうかそんじゅく）では、ケーススタディ（事例研究）をしっかりとやっていました。

例えば、郷中教育ではこんな設問がありました。

「お殿様の家来について船で川を渡ってたところ、向こう岸からも船がやってきました。

乗っている人物をよく見ると、10年前から探していた、父親を殺した憎き仇(かたき)でした。

この時、あなたならどうするか？」

お殿様の警護という大事な仕事を放りなげてしまうのは、大きな罪です。一方で、当時の大事な道徳観である「忠孝(ちゅうこう)」（※主君に対する忠誠と、親に対する誠心の奉仕）の「孝」をとるならば、親の仇を取らないのも道理に悖(もと)ることになります。

さあ君ならどうするか、ということを子供たちに問い、グループで考えさせ、意見を集約させるのです。

何が一番いいのか、どういう結論に持っていくのかを話し合い発表させて、それに対して大人や年配の子らが論評を与える、という手法をとっていました。

また、例えば侍であったなら、戦場に出ることもあります。

いざ戦場に出た時に、「どういう戦略を打てば良いか」「この戦局をいかに乗り切ればいいのか」と、その場その場の状況に合わせて考えないといけないことはよくあります。

「私はどう動けば良いのでしょうか?」という指示待ちの兵隊ばかりでは困るのです。やはり軍には軍を率いられる長（リーダー）が必要ですから、そうなると必要な資質は、「自分で色々な情報を集めて、考えて、リスクを取って行動する」という力です。

それは日常からトレーニングしないといけないのですが、今の日本の教育現場では、ほぼ行われていません。

「言われたらできるけど、言われないと何も出来ない」そんな人間ばかりが増えている気がしてなりません。自分で情報を集め、自分で考え、自分で行動する事をやらないのです。

全員とはいいませんが、しかし多くの日本人が、コントロールされやすい民族、国民になってはいないかと、私は常々心配しているのです。

教科書から消えた「日本神話」と「英雄伝」

小学校の教科書では、偉人伝や英雄伝がなくなっています。また、『古事記』や『日本書紀』にあるような、いわゆる日本神話も、学校では教えてくれません。

ある学校では、校内の課外学習で『古事記』の読み聞かせを企画した人が、学校の先生に「それは宗教だから駄目」と言われたという驚く話も耳にしました。

しかし、それは誤解であり、間違った対応なのです。

安倍元首相が教育基本法を改正したのは２００６年（平成18年）ですが、これは、

1947年以降、戦後初めての改正でした。そして、この時の学習指導要領に「ちゃんと神話を教えなさい」と追加された事実があるのです。※

※2007年の学習指導要領改正において以下の一文が加わった「昔話や神話・伝承などの読み聞かせを聞くなどして，我が国の伝統的な言語文化に親しむこと」（小学校第一学年、第二学年「国語」）

また、その時の教育基本法では、「伝統と文化を尊重し、それらを育んできた我が国と郷土を愛する」といった一文が明記されました。

神話には日本の成り立ちや日本人が大切にすべき教訓が学べるストーリーが記されています。それを奪うと我々がどこからきて、何を大切にしてきたかが分からなくなってしまいます。

偉人伝も同じです。子供たちに、大人になった時に、人の役に立つ、みんなから愛されるロールモデルをイメージしてもらうのが偉人伝を伝える目的です。幼少期の子供には日本人としてはこうあるべきというモデルが必要なのです。

本書の中にある「真の日本人」を育成するためには、神話や偉人伝を教えることがとても有効だったのに、ＧＨＱの占領の中で、共に子供たちの教科書からは消されてしまいました。学習指導要領に明記されても、現場では教えられていないというのが我が国の現状であるという事実も頭に入れておいてください。

第5章

防諜と国際社会

◎防諜とは何か

ここで一応防諜とは何かということの締めくくりをしましょう。今まで申したように、外国は諜報、宣伝、謀略という三つの手段、すなわち武器なき戦で日本をやっつけようとしており、防諜観念がないと日本はやっつけられるのです。この武器なき戦を秘密戦といっておりますが、この秘密戦に対して我が国を守るのが防諜なのです。今までの話が十分に分かった後、すなわちスパイはどんなものか、またどんなことをするかが十分に分かった後、スパイを防ぐのが真の防諜なのです。

防諜は誰がやるか

さてしからば、と大分改まったいい方ですが、防諜は誰がやるか。警察官か、憲兵か、いやいや国民各自です。「一人一人が防諜戦士」この標語の通りです。戸締まりや火の元に注意しないでいては、どんなに警察官や消防手を増しても盗難予防や火災防止は出来ないのとちょうど同じです。国民の一人一人が防諜をやらなければ、本当の防諜は出来ないのです。国民こそ防諜の花形役者です。

防諜はどうするか

では防諜はどうしたらできるか、これはさきほどのスパイとはどんな者か、スパイはどんなことをやっているか、日本人は知らず知らずにスパイの手先になっているというお話でお分かりになったと思います。が、もう一度簡単に申しますと、つまらないおしゃべりをするな、うっかり軽々しく信じるな、持ち物は紙屑までも注意せよ、買いだめ、売り惜しみ、闇取引のような私欲を止めよ、贅沢をするな、無駄を省け、写真や出版物に気をつけよ、持場を厳重に警戒せよ、外国人との交際には注意せよ、国産品を愛用し外国製品の使用を止めよ等、結局は一億一心、あの日の丸の色のように、まじり気のない本当の日本人、本当の日本精神に生まれ変わり、あの日の丸の形のように一分の隙もなく、まん丸に結束し、生き抜くことです。あらゆる苦難を突破して、外国の世話にならない一本立ちの日本になることです。

皆さん防諜を行うことは実にたやすいことです。金もかからない設備も要らない、ただ国民の心構え一つでできるのです。

結び

諸君、日本は世界新秩序建設の指導的役割を果たすため、日、独、伊三国同盟を結びました。今や世界は好むと好まざるとに関わらず、新秩序建設前の大動乱に直面しているのです。各国の秘密戦は白熱化しようとしております。世界新秩序建設の苦難突破は相当の年月を必要とします。これを完成するのは実に若い諸君の双肩にかかっているのです。

この大業を完成するため、防諜ということは非常に大切であり、また防諜は皆さんの心構え一つで今すぐからたやすくできることです。諸君、お互いに防諜報国に邁進致しましょう。

私の「防諜の話」はこれで終わりました。

戦後レジームを守る「敗戦利得者」たち

私もたまに「日本人は愚民化されている！」などとネガティブな話もしますが、当然日本人をバカにしているわけではなく、「本来の日本人はそうじゃないでしょう？」と強く主張したいのです。

だからあらためてトレーニングをすれば恐らく、欧米のアングロサクソンや中国人とかとも対等、いえ、対等以上にやれるのです。

でも、日本人は大東亜戦争で頑張って激戦を繰り広げたので、彼らは日本人の頑張りが怖かったと思います。そこで**「日本人の思考や精神性を、教育によってへし折らないといけない」**と、GHQは考えたのではないでしょうか。

戦後行った占領政策をなるべく永続させるように、アメリカの指示を聞く自民党を作り、正力松太郎を使ってマスコミを作り、焚書も行い、憲法で骨抜きにし、日本人が覚醒しないように、**半永久的に抑え込んでおくシステム**を作ることが、彼等のミッションだったのではないかと思うのです。

「敗戦利得者」という言葉があります。

日本が敗戦したことによって、地位を得て、利権をもらった人たちのことです。渡部(わたなべ)昇一先生がおっしゃっていた言葉ですが、そういった戦後から続く体制を築き守ってきた社会が、今もずっと続いているのです。

現状を維持したい人にとっては、都合が良いのでしょう。敗戦利得者にも、アメリカにも、中国にも、ロシアにも、みんなにとって都合が良い。日本人は勤勉でよく働きますし、そうやって増えた富を、みんなで分配すればそれでいいのでしょう。

参政党は、「それじゃいけない」「そんな社会はもう終わりにしないといけない」と、街頭でいつも訴えていますが、どこのメディアにも取り上げられません。

最近、新しい保守系の政党が出てきましたが、メディアによく取り上げられています。同じ保守をうたう政党ですが、取り上げられ方が全然違います。

これには理由があるのだろうと感じます。なぜかと言えば、いまだ残っている戦後レジーム（体制）がまだまだあり、**それを壊されることを恐れているから**です。
もし、日本の国民の大多数が、自分たちで考え、自分たちのこととして行動したらどうなるのか？日本の大きなボトルネック、そこに火をつけられると困る人がいるのではないか？

その体制の中にいる人たちは、今まで自分たちが築き上げてきた仕組みが維持出来なくなります。だから今まで通りにしてくれれば、自分たちの地位は安泰。それによって国力が落ちても、「自分たちの地位が守れるならそれでいいじゃない」と考えているのではと、感じる時があります。

他の政党は、そこまでの変革は求めていないのではないでしょうか？

参政党はリスクをとって戦っています。このような日本の戦後体制を変えていくにはまず、情報の取り方を変え、自分たちで考え、自分たちでリスクを取って行動することです。

参政党が教育に重点を置くというのは、そういうことなのです。

だからこの本書で伝えようとしている意義は、日本人の教育のためなのです。

目覚めのきっかけは、米大統領選挙とコロナ

私も政治の世界に入って17年が経ちますが、17年前に「教育を変えて、若者の意識を変えよう」といっても、ほとんど誰も聞いてくれませんでした。ＧＨＱの占領政策

の話をすることすらはばかられる空気でしたし、グローバリズムの流れなどは私も理解できていませんでした。

しかし現在、参政党に集まってくれているような皆さんと意見交換をすると、多くの方が何かがおかしいと思い始めたきっかけは、不正があったといわれる２０２０年のアメリカ大統領選挙とそれに続いた新型コロナウイルスの蔓延によるワクチンの接種だったとおっしゃいます。

マスメディアは一方的にトランプだけを叩きましたし、ワクチンに疑念を示すような言論も封殺されました。YouTube をよく見る人などは、こういったテーマを扱う動画がことごとくバンされる様子を目の前で見ましたから、露骨な言論統制を肌で感じたんだと思います。

以前のように、テレビや新聞だけを見聞きしていたのでは、気づき得なかったことです。

マスメディアの情報は作られた「インフォメーション」です。我々はそれを鵜呑みにせず、現実を直視し、矛盾する情報を集め、整理しながら自分の行動の指針になる「インテリジェンス」を組み上げていかねばなりません。

情報の質が変われば、行動が変わり、行動が変われば人生が変わります。

この本が皆さんの人生を変える小さなきっかけになれば嬉しいです。

実際、防諜現場の担当者でさえ、ネットの情報を軽んじているので、ネットで情報を集める人たちの情報の重要性を理解していない節があります。出どころがあいまいな話を、そのまま上に報告していて、「三流週刊誌じゃないんだから」と嘆かれていた関係者の話を耳にしたこともあります。

本書が出たあかつきには、防諜現場の方々へもお配りしたいと思います。受け取っていただけることを切に願ってやみません。

あとがき

令和5年12月現在、この本を執筆しています。参政党の周りでは、まさに「情報戦」が繰り広げられています。

もう少し早く本書を執筆していれば、その情報戦に流されてしまう人も減らせたのではないかと思います。一方で、こうした事象を経験した後に本書を読んでもらうと、様々な情報の捉え方が変わり、深く理解してもらえるのではないかとも考えています。

古今東西、情報戦は繰り広げられており、歴史上、それによって失脚させられた人物もたくさんいました。

彼らを評価する際には、彼らに関わる他者の論評や評価ではなく、まずはその人の行動を見て、それからその人が実際に話したことや書いたものにあたることが大切だと私は考えています。歴史は勝者によってつくられるものですから、外部からの一般的な評価で人を判断するのではなく、その人の実際の行動や言動を重視すべきです。

本書の資料の中にも述べられていましたが、情報戦で敗れないためには、「真の日本人」に近づくことが肝要だと私も考えています。それは、単なる愛国者ではなく、しっかりとした歴史観や世界観を持ち、日本の国益を追求する人を指すものであるべきです。時に、純粋で単純な愛国者は、情報戦を仕掛ける側に利用されるからです。


私の世界観は、グローバリズムの流れと金融資本家らによって導かれる全体主義的な管理社会を受け入れず、それぞれの国が主権を維持し、国家が国民の権利と自由を守っていける社会を大切にしたいというものです。

私は歴史上のグローバリズムの端緒を、大航海時代に位置付けています。ヨーロッパの王や貴族が海賊を雇い、船に保険をかけ、世界中の富を集めようとした動きです。私が学生の時は大航海時代とだけ教わりましたが、大人になって学び直せば、それは強国による世界侵略の始まりであることに気が付きました。

　彼らは新しい航路を開拓し、アフリカ、アメリカ、アジアに存在した文明に対し、収奪と破壊を繰り返しました。欧州各国は東インド会社という商社を設立し、奴隷取引や、アヘンなどの薬物の売買を行い、最終的には戦争を起こし、武器の販売で巨万の富を築きました。これが帝国主義の流れに繋がっていきました。金融においては国境がなくなり、国を越えて金融業や商業を展開する勢力が誕生していきます。それが国際金融資本家たちです。

　彼らは、商人であるため、当初は武力による戦争を引き起こすことは難しく、彼らが得意としたのが情報戦でした。情報を利用して市場を操り、情報によって国家を対立させ、戦争を誘発し、お金を貸し付け、武器を販売し、何重にも利益を上げました。彼らは情報の重要性をよく理解しており、世界各国のマスメディアを掌握し、絶対君主を失脚させ、民主主義を宣伝しつつ、自前のメディアを通じ、自分たちが動かしやすい政治家を大衆に選ばせる仕組みを作ったのです。

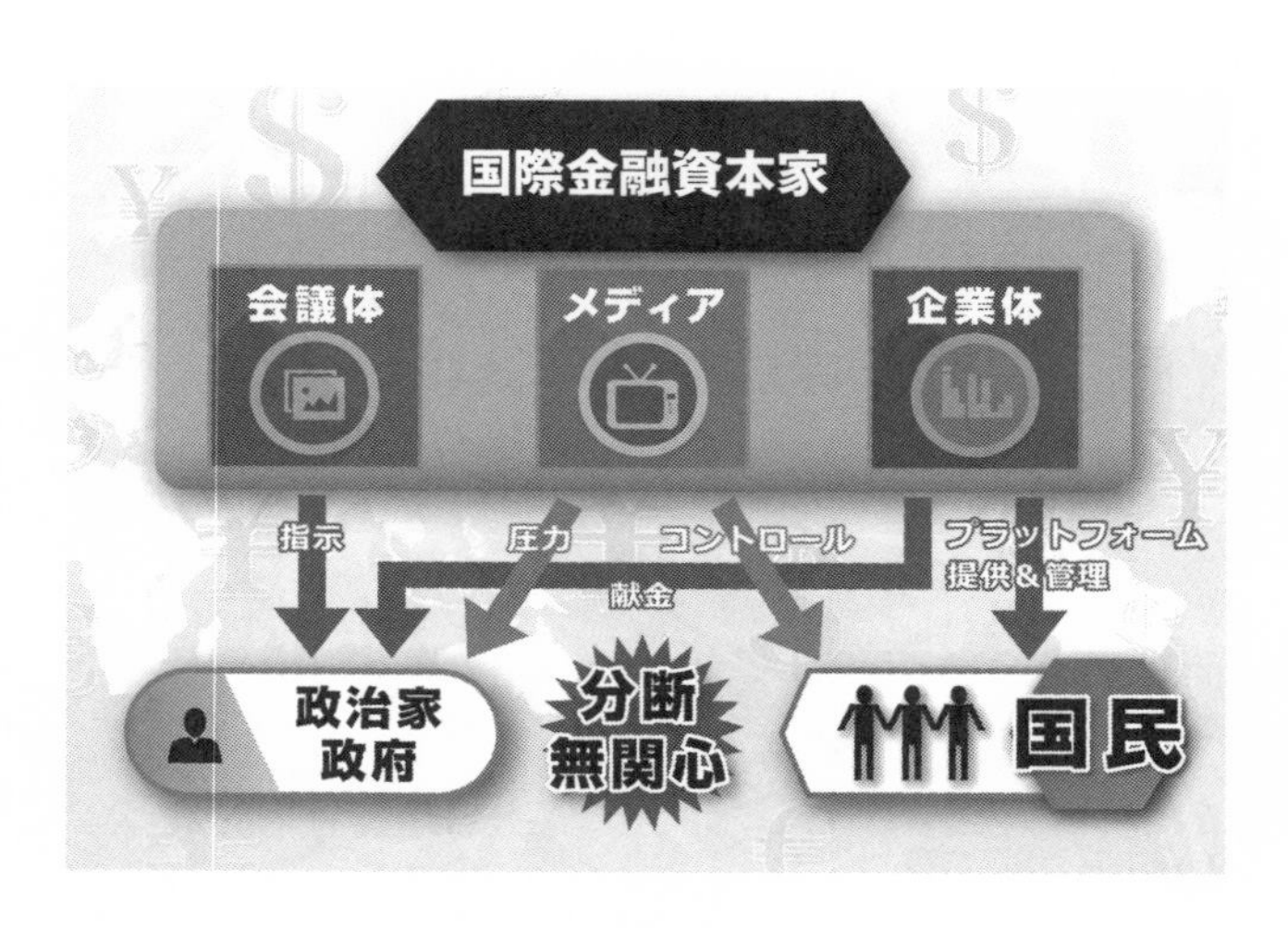

政治権力を掌握するには、国民のための政治を真面目に行うよりも、資金と情報を支配する方が現代の社会において重要であるというのが、今の社会の一般的な見方かもしれません。このような歴史観を持つと、上記の図のような世界観に繋がってきます。

数百年にわたる歴史を通じて構築された国際金融資本家たちのネットワークは、強大です。

彼らは新興勢力などを加えながら、民主主義の外側で国際会議などを開催し国際アジェンダを形成しています。これが、将来の世界の青写真といえるでしょう。

それを傘下のメディアを通じて世界各国の人々に流布し、民意を形成し、傘下の企業にそれを事業として実行させています。さらに、そのビジョンを進めようとする政治家をメディアで支持し、選挙などでは資金的にも支援します。その政治家が当選した場合には、政府の予算を通して傘下の企業を支援していくわけです。

たまに、彼らのアジェンダに反対する政治家が現れると、メディアは最初は無視、世に出てくると徹底的に攻撃し、対抗馬に膨大な金額を寄付して対決させます。それでも選挙で勝利すると、傘下の国の機関を利用してクーデターを起こしたり、戦争を仕掛けたり、暗殺を試みたりするわけです。彼らの資金源と労働力は我々大衆です。大衆は彼らが支配するメディアの情報を鵜呑みにし、彼らが提供したい食品や薬や注射、金融商品を購入し、一所懸命に働いて得た収入を彼らに支払っているのです。

こうした構図や考えを説明すると、陰謀論だとレッテルを貼られ、攻撃してくる人が大勢います。ですから、誤解が生じないように言っておきたいのは、私はこれが世界の真実だと断言しているわけではないということです。

歴史を調べて、また実際に政治活動をしていく中で、世界はこんな風に動いているのではないかという私なりの世界観を構築しているということを伝えているだけです。世の中には、天国や地獄があり、現世を真面目に生きないと後で後悔するという世界観を持っている人がいるのと似たようなものだと理解してください。

私はこうした世界観を持っているため、資金と情報、軍事力でルールを押し付けて、世界を動かそうとする国際金融資本家やグローバリストたちのアジェンダには乗せられたくないと考えています。私はグローバリゼーション自体を否定するつもりはありません。世界が狭くなり人々の交流や行き来が進むことには多くの利点もあると認識しています。しかし、政治は世界各国が主権を保持し、独自の価値観、文化、歴史観の上に立って、対話と調和とパワーバランスを重視して進めるべきだと考えています。

ここでも誤解しないで頂きたいのは、ルールが嫌だから個人の自由を優先すべきと主張しているわけではないということです。むしろ、国家レベルでの合意形成と調整を通じてバランスを取るべきだと考えています。何十億人の人々の意見をまとめることは困難であるため、約２００の国家で意見を集約し、調整するべきだというのが私の考えです。

おそらく世界統一政府のようなものを作りたいと考える人たちは、地球規模での単一の統治が必要であるという立場なのかもしれません。仮に、将来、銀河規模の戦争のような惑星同士の争いが発生するという話があるなら、その考えも理解できますが……。

私は日本人で、日本の政治家であるため、日本国民の利益を最優先に考えたいと思います。私の知る範囲では、世界各国には、国家単位で政治を行おうという健全な愛国政治家はたくさんいます。また、行き過ぎたグローバリズムに対する懸念を共有し、このような政治家を支持する流れが国際的に高まっているとも感じています。

日本における情報戦と政治は、現時点ではグローバリストが圧倒的に優勢です。しかし、本書にまとめた情報に対する向き合い方や、私の持っているような世界観が広まれば、この状況を変えていくこともできるのではないかと、まだ希望を失っていません。

そのような意味では、本書の出版そのものが「情報戦」の一環かもしれません。皆さんの賛同を得られ、本書の内容が広く国民に浸透することを願っています。

神谷 宗幣（かみや そうへい）

参議院議員・参政党党首

1977年福井県生まれ。関西大学卒業後、29歳で吹田市議会議員に当選。2010年「龍馬プロジェクト全国会」を発足。2013年ネットチャンネル「CGS」を開設し、政治や歴史、経済をテーマに番組を配信。2020年、「参政党」を結党し、世の中の仕組みやあり方を伝えながら、国民の政治参加を促している。2022年に参議院議員に当選。『子供たちに伝えたい「本当の日本」』『国民の眠りを覚ます参政党』（小社）など多数。

情報戦の教科書

日本を建て直すため『防諜講演資料』を読む

令和6年2月10日　初版発行

著　者　　神谷宗幣

発行人　　蟹江幹彦

発行所　　株式会社　青林堂

〒150-0002　東京都渋谷区渋谷3-7-6

電話　03-5468-7769

装　幀　　（有）アニー

印刷所　　中央精版印刷株式会社

Printed in Japan

ISBN 978-4-7926-0754-8

学校で学びたい歴史
新装版

齋藤武夫

本書で歴史を学んだ子供たちは、歴史大好き、日本大好きになり、日本人に生まれた自分に誇りを持つことができます。

定価1700円（税抜）

大開運

林雄介

この本の通りにすれば開運できる！金運、出世運、異性運、健康運、あらゆる開運のノウハウ本。

定価1600円（税抜）

大幸運

林雄介

この本を読み、実践すれば誰でも幸運に包まれる！林雄介の『大開運』につづく第2弾。生霊を取り祓い、強い守護霊をつければ誰でも幸運になれる、その実践方法を実際に伝授。

定価1700円（税抜）

日本版　民間防衛

江崎道朗
濱口和久
坂東忠信
富田安紀子（イラスト）

テロ・スパイ工作、戦争、移民問題から予期せぬ地震、異常気象、そして災害！　その時、何が起きるのか？　我々はどうやって身を守る？　各分野のエキスパートが明快に解説。

定価1800円（税抜）